高分辨双基地 ISAR 空间目标成像技术

史　林　郭宝锋　马俊涛
韩　宁　韩壮志　胡文华 ◎ 著

HIGH-RESOLUTION BISTATIC ISAR

IMAGING TECHNOLOGY OF SPACE TARGETS

北京理工大学出版社
BEIJING INSTITUTE OF TECHNOLOGY PRESS

内 容 简 介

本书以高分辨双基地 ISAR 空间目标成像需求为背景，采用理论分析和仿真实验相结合的方法，阐述了空间目标的双基地 ISAR 回波模拟及通道标校预处理方法，介绍了全孔径、稀疏孔径场景下，空间目标双基地 ISAR 高分辨成像理论及方法。本书是作者近年来在此领域研究工作的总结，有助于提高双基地 ISAR 成像质量，促进双基地 ISAR 成像技术的发展，可为实际高分辨成像系统设计提供理论指导和技术支撑，具有一定的理论和工程应用价值。

本书可供从事雷达信号处理、雷达成像相关领域的科研工作者和研究生参考。

图书在版编目（C I P）数据

高分辨双基地 ISAR 空间目标成像技术／史林等著
. -- 北京：北京理工大学出版社，2022.4
ISBN 978 - 7 - 5763 - 1271 - 3

Ⅰ. ①高… Ⅱ. ①史… Ⅲ. ①逆合成孔径雷达 - 雷达成像 Ⅳ. ①TN958

中国版本图书馆 CIP 数据核字（2022）第 066890 号

出版发行／北京理工大学出版社有限责任公司
社　　址／北京市海淀区中关村南大街 5 号
邮　　编／100081
电　　话／（010）68914775（总编室）
　　　　　（010）82562903（教材售后服务热线）
　　　　　（010）68944723（其他图书服务热线）
网　　址／http://www.bitpress.com.cn
经　　销／全国各地新华书店
印　　刷／三河市华骏印务包装有限公司
开　　本／710 毫米 × 1000 毫米　1/16
印　　张／11.5
彩　　插／8
字　　数／163 千字
版　　次／2022 年 4 月第 1 版　2022 年 4 月第 1 次印刷
定　　价／78.00 元

责任编辑／曾　仙
文案编辑／曾　仙
责任校对／周瑞红
责任印制／李志强

图书出现印装质量问题，请拨打售后服务热线，本社负责调换

前　　言

随着航天技术的快速发展和广泛应用，太空领域竞争日趋激烈，一些大国纷纷加快制定和调整太空战略，加速太空军事斗争准备，抢占战略制高点。近年来，我国逐步加大太空领域投入，"天宫"筑梦、"神舟"飞天、"嫦娥"探月等重大工程稳步推进。随着人类空间活动日益增多，空间目标数量迅速增加，空间资源争夺日趋激烈。对空间目标实施有效定位、跟踪、监视和识别，有利于迅速感知空间态势，保障空间目标安全。

双基地逆合成孔径雷达（inverse synthetic aperture radar，ISAR）具有更好的"四抗特性"，可获得高分辨空间目标图像，可提供更丰富的目标尺寸、形状等信息，在空间目标监测、识别和国土战略预警等方面具有广阔的应用前景，开展双基地 ISAR 空间目标高分辨成像方法研究具有重要的社会和军事意义。

本书以高分辨双基地 ISAR 空间目标成像需求为背景，采用理论分析和仿真实验相结合的方法，阐述了空间目标的双基地 ISAR 回波模拟及通道标校预处理方法，介绍了全孔径、稀疏孔径场景下，空间目标双基地 ISAR 高分辨成像的理论及方法。

全书共分为 6 章。第 1 章阐述了开展双基地 ISAR 空间目标成像研究的背景和意义，综述了高分辨空间目标成像的发展概况，总结了双基地

ISAR 成像技术的国内外研究现状。第 2 章阐述了双基地 ISAR 空间目标的回波模拟方法，并介绍了一种适合于该雷达系统的通道标校预处理方法。第 3 章介绍了一种双基地角时变条件下空间目标双基地 ISAR 成像算法。第 4 章介绍了联合转动二次相位补偿的双基地 ISAR 空间目标成像算法。第 5 章，从压缩感知理论和实际系统应用出发，介绍了双基地 ISAR 稀疏孔径高分辨成像算法。第 6 章为总结与展望。

本书由史林、郭宝锋、马俊涛、韩宁、韩壮志、胡文华撰写。其中，史林确定高分辨双基地 ISAR 空间目标成像技术的研究思路和内容框架，撰写第 1 章、第 3 章、第 4 章、第 5 章、第 6 章，并负责整理定稿；郭宝锋撰写第 2 章，参与撰写第 3 章、第 4 章；马俊涛参与撰写第 3 章、第 5 章；韩宁参与撰写第 3 章、第 4 章；韩壮志参与撰写第 1 章、第 5 章；胡文华参与撰写第 2 章、第 5 章。研究生朱晓秀协助开展了部分仿真验证工作，为本书做出了贡献，在此表示感谢。本书的撰写和出版得到国家自然科学基金、河北省自然基金项目的资助，在此表示感谢。

本书是笔者近年来在此领域研究工作的总结，有助于提高双基地 ISAR 成像质量，促进双基地 ISAR 成像技术的发展，可为实际高分辨成像系统设计提供理论指导和技术支撑，具有一定的理论和工程应用价值。双基地 ISAR 高分辨成像技术还在不断完善发展中，限于笔者水平，书中难免存在不足之处，敬请读者批评指正。

史林

2022 年 1 月

目　　录

第 **1** 章

绪　论

■ 1.1　研究意义

随着人类空间活动日益增多，空间目标数量迅速增加，空间资源争夺日趋激烈。空间目标主要包括具有特定运行轨道的卫星、空间站、航天飞机、再入式导弹等人造目标以及失效航天器产生的空间碎片等目标[1]。几十年来，仅美国宇航局就已编目超过 38 000 个近地轨道空间目标，其中 10 000 多个目标仍在轨运行。目前，约有一半的在轨运行人造空间目标具有军事背景或特定军事用途[2]。因此，对空间目标实施有效定位、跟踪、监视和识别，有利于保障人造空间目标安全运行和迅速感知空间态势[3-5]，具有重要的社会意义和军事意义。

由于空间目标距离远，加之受天气、光照等因素的影响，光学探测手段在空间目标探测监视领域受到一定限制。雷达作为一种具有全天时、全天候、远距离探测能力的主动式探测设备，在空间目标探测和监视领域应用广泛。成像雷达是雷达技术发展的一个飞跃，ISAR[6-8]利用大宽带信号和目标相对雷达的转动，通过脉冲压缩和合成孔径技术，获得高分辨空间目标图像，可提供更丰富的目标尺寸、形状等信息，在空间目标监视、分类、识别和故障检测等方面具有重要作用[4]。

单基地 ISAR 经过几十年的发展，技术相对成熟，可获得目标的高分辨像。然而，单基地 ISAR 在目标仅沿雷达视线方向运动或相对雷达视线转动角很小时，无法实现方位向分辨，存在成像盲区；同时，随着雷达对抗技术的发展，单基地 ISAR 隐蔽性差、抗干扰能力弱等缺点逐渐暴露，特别是面临反辐射导弹攻击时，单基地 ISAR 雷达战场生存面临严重威胁。空间目标单基地 ISAR 系统一般具有较大的发射功率，更加容易暴露自身位置，在担任战略预警任务时，是敌方首先打击的对象，这进一步限制了其在军事方面的应用[9]。

为克服单基地 ISAR 系统的缺点，基于双基地雷达平台，发展出了双基地 ISAR 系统。在双基地 ISAR 系统中，发射雷达站和接收雷达站分置于不同位置，接收雷达站采用被动工作方式只负责接收处理目标回波，这有效提高了系统的抗干扰能力和战场生存能力[9]。同时，通过对收发雷达异地配置，成像过程可不受目标运动方向限制，从而可以避免单基地 ISAR 存在成像盲区的缺陷，提高成像概率[10]；双基地 ISAR 可利用接收的目标非后向散射回波进行成像，增大对隐身目标的发现和成像概率，可获得更丰富视角下的目标信息，有利于后续目标分类识别[11]；由于双基地 ISAR 发射天线波束和接收天线波束交叠区域较小，因此可进一步抑制方向性杂波干扰和副瓣干扰[12]；通过接收机前置，双基地 ISAR 可进一步提高雷达作用距离。双基地 ISAR 与被动 ISAR 存在天然内在联系；另外，通过增加接收站，双基地 ISAR 可进一步扩展为多基地 ISAR。因此双基地 ISAR 成像技术研究可为被动 ISAR[13-14]、多基地 ISAR[15-16]、等效双多基地 ISAR[17]等研究提供基础，具有很高的理论研究价值。

综上所述，空间目标监测、成像、识别的社会需求和军事需求日益增长，双基地 ISAR 系统具有更好的“四抗特性”，高分辨双基地 ISAR 成像可获得更丰富可靠的目标信息，在空间目标监测、识别和国土战略预警等方面具有广阔的应用前景，开展高分辨双基地 ISAR 空间目标成像技术研究具有重要意义。

■ 1.2 研究历史和现状

1.2.1 高分辨空间目标 ISAR 系统发展概述

为探测、定位和识别空间目标，感知太空态势，在日益增长的军事需求的促进下，美国、俄罗斯等航天大国纷纷发展空间目标探测监视能力，建立并不断发展完善空间目标监视网络[2,18]。典型代表为美国以地基和天基监视系统为主体构建的空间监视网络系统。该系统可探测跟踪 10 cm 以上的空间目标、编目管理 30 cm 以上的近地空间目标[19-21]。雷达是获取空间目标信息的重要手段，高分辨 ISAR 成像技术可以获得更加丰富的目标信息。以美国、德国为代表的发达国家均将 ISAR 成像技术应用于实际的空间目标监视雷达系统，并取得了一系列成果[18,22]，有效促进了空间目标 ISAR 成像技术的发展。下面结合典型的空间目标雷达成像系统，梳理其发展脉络，以期为进一步研究空间目标 ISAR 成像技术和研发相关系统提供借鉴和参考。

1. ALCOR 雷达

自 20 世纪 60 年代，美国开始研制针对空间目标的宽带 ISAR 雷达系统，20 世纪 70 年代以来，多部系统研制成功并投入使用。1970 年，林肯实验室联合美国西屋、休斯等公司研制成功世界上第一部空间目标宽带成像雷达——ALCOR 雷达[23]，该雷达系统部署在夸贾林环礁，其实物如图 1-1（a）所示。该雷达工作于 C 波段（5 672 MHz），信号波形为线性调频信号，信号带宽为 512 MHz，由于加窗处理，该雷达系统距离分辨率为 0.5 m，脉冲宽度为 10 μs，重复频率为 200 Hz。该雷达采用解线性调频的接收工作方式，需配合一部窄带跟踪雷达进行工作。该雷达系统投入使用后，有效完成了多个火箭、卫星等空间目标的跟踪成像任务，其中比较著名的测量成像结果包括：1970 年刚投入使用阶段，成功对我国发射的第一颗"东方红"卫星以及末级火箭进行成像，基于图像信息推算火箭运载能力和卫星尺寸大小；1971 年，获得苏联"礼炮 - 1 号"空间站的 ISAR 图像，并获得更多未公布细节信息；1973 年，获得美国国家航空航天局（NASA）出现故障的 Skylab 空间站 ISAR 图像，基于获得的 ISAR 图像获知其一侧太阳能帆板出现故障，有效支撑了后期故障修复工作[24]。图 1 - 1（b）所示为 ALCOR 雷达系统获得的此空间站 ISAR 图像。ALCOR 雷达系统是 ISAR 成像技术成功应用于空间目标观测的开端，其成功对近地空间目标进行成像，有效促进了空间目标 ISAR 成像的发展。

(a)   (b)

图 1 -1 ALCOR 雷达及获得的 Skylab 空间站 ISAR 图像（附彩图）

(a) ALCOR 雷达天线罩；(b) Skylab 空间站 ISAR 图像

2. Haystack 系列雷达

受发射功率和天线孔径的限制，ALCOR 雷达系统主要对近地轨道空间目标成像。为了进一步满足高轨卫星的探测需求，1978 年，林肯实验室在原 Haystack 雷达（干草堆雷达）基础上，将其升级为长距离 Haystack 成像雷达系统[25]。升级后，雷达理论距离分辨率可达 0.25 m，频段为 X 波段（9.5 ~ 10.5 GHz），在等效转角为 3.44°时，方位分辨率可达 0.25 m；该雷达系统仍采用线性调频信号波形，接收工作方式也采用解线性调频方式，脉冲重复频率高达 1 200 Hz；威力范围得到有效增加，可对地球同步轨道卫星进行成像[26]。1993 年，Haystack 雷达的辅助雷达（Haystack Auxiliary Radar，HAX）系统[27]研制成功，进一步增强了该雷达系统。该辅助雷达工作在 Ku 波段（16.667 GHz），信号带宽可达 2 GHz，距离分辨率可达 0.12 m，可进一步获得更高分辨率的空间目标 ISAR 图像。Haystack 雷达和 HAX 雷达的实物如图 1-2 所示。2007 年，基于这两部雷达和移动接收站，林肯实验室开展了双多基地雷达空间目标的跟踪成像及三维干涉成像试验[22,28]。

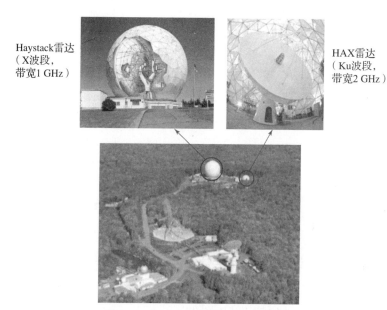

图 1-2　Haystack 雷达和 HAX 雷达

随着越来越多小型微型卫星升空，为满足其探测成像需求，2014 年 2 月林肯实验室完成了对 Haystack 雷达的超宽带改造，增加 W 波段的 HUSIR（Haystack Ultrawideband Satellite Imaging Radar）成像系统[29]，该系统带宽可达 8 GHz，距离分辨率可达 1.8 cm，进一步提高了空间目标成像的精细程度。图 1-3 所示为公开的升级前后对某卫星缩比模型（高度为 66 cm）成像的仿真对比，可以看出分辨率得到有效提升，目标结构特征更加清晰。

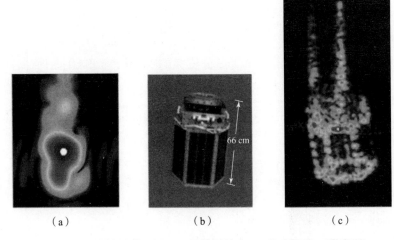

图 1 – 3　改造前后基于同一卫星模型的 ISAR 仿真图像（附彩图）

（a）改造前，带宽 1 GHz，分辨率 25 cm；（b）卫星模型；

（c）改造后，带宽 8 GHz，分辨率 3 cm

3. TIRA 雷达

德国研制的 TIRA 雷达是欧洲代表性的空间目标成像雷达系统，其由 L 波段跟踪雷达和 Ku 波段成像雷达构成，雷达带宽为 800 MHz，经过不断升级，该雷达信号带宽已达 2.1 GHz，可有效进行空间目标的监视和成像[30]。TIRA 雷达先后获得苏联"礼炮 – 7 号"空间站、"和平号"空间站、航天飞机等空间目标的 ISAR 图像，得到目标相应的尺寸、结构等信息。图 1 – 4 所示为公开的该雷达系统对"和平号"空间站和航天飞机的 ISAR 成像结果。2013 年，基于 TIRA 雷达的成像结果，ATV – 4 卫星开展了有效的故障检测工作[31]。

为了满足弹道导弹监视和防御需要，美国还研制了基于相控阵的地基雷达（GBR）、海基 X 波段雷达（SBX），可实现对弹道导弹目标及近地空间目标成像。在 Sary – Shagan 测试场，俄罗斯的 Ka 波段大型相控阵 Ruza 雷达完成了近地轨道空间目标的成像试验[32]。

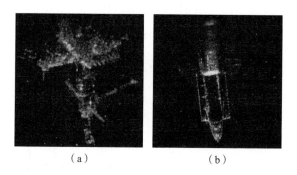

图 1-4 基于 TIRA 雷达的 ISAR 成像结果 （附彩图）

（a）"和平号"空间站二维成像结果；（b）航天飞机二维成像结果

相比于西方发达国家，我国空间目标 ISAR 成像技术研究和系统研制起步较晚，20 世纪 80 年代，我国首先针对空中目标启动了 ISAR 成像的研究，1993 年基于带宽 400 MHz 的 ISAR 雷达开展了空中目标的实测试验，有力推动了国内 ISAR 成像研究的进展。20 世纪 90 年代中后期，随着我国航天技术和 ISAR 成像技术的发展，空间战略不断推进，空间目标 ISAR 成像技术也蓬勃发展，国内多家机构开展了相关理论、实验和试验研究工作，中国电科 14 所、中国电科 39 所、国防科技大学等单位成功研制了我国某型号地基远程宽带成像雷达，可实现近地空间目标和弹道导弹的高分辨成像，基于该雷达录取了大量空间目标实测数据，研究人员进行了细致的分析处理，有力促进了我国空间目标 ISAR 成像的研究进展[33-38]。进入 21 世纪以来，我国逐步加大在空间目标成像领域的投入，目前已初步具备近地空间目标和中段弹道导弹目标的成像能力，但与美国现役的几部高分辨空间目标成像雷达系统还有一定差距，还需要进一步发展空间目标 ISAR 成像技术，更新空间目标高分辨 ISAR 成像系统。

1.2.2 双基地 ISAR 成像发展及研究现状

自 20 世纪 60 年代以来，ISAR 成像理论和系统获得深入发展，各种新兴的雷达体制和信号处理技术不断应用于 ISAR 成像，以解决成像中遇到的复杂问题。双基地 ISAR 成像是 ISAR 成像研究的一个分支，双基地 ISAR 成像的发展与 ISAR 成像理论、技术和系统的发展密切相关。虽然双基地 ISAR 成像的基本概念很早就已出现，但受 ISAR 成像发展水平和系统实现条件的限制，系统的双基地 ISAR 成像研究开始相对较晚。由于双基地 ISAR 系统可获得更丰富的目标信息和更高的成像概率，以及其在"四抗"方面的优势，随着 ISAR 成像和双基地雷达系统的发展，进入 21 世纪后，双基地 ISAR 成像研究逐渐引起广泛关注，取得了一系列研究成果。按照研究侧重点和发展过程，现有研究概括起来可大致分为以下两个方面。

1. 双基地 ISAR 成像基本问题研究

双基地 ISAR 成像是单基地 ISAR 成像的延伸，两者之间既具有一定的继承关系，又有一定区别。双基地 ISAR 成像基本问题研究，主要包括双基地 ISAR 成像原理、回波模型、成像算法、成像处理、成像试验等方面。成像处理主要包括成像区域选择、速度补偿、平动补偿、转动补偿（越分辨单元徙动校正）以及图像定标等方面。在成像试验研究中，研究者重点关注与单基地 ISAR 成像不同的方面，主要包括双基地 ISAR 成像所特有的时间、空间、频率三大同步问题，以及双基地 ISAR 目标散射特性建模等问题。

意大利比萨大学 Martorella 领导的团队对双基地 ISAR 成像开展了系统研究。Martorella 等研究了双基地 ISAR 成像的基本原理，建立了双基地 ISAR 成像的波数域回波模型，分析了双基地 ISAR 成像分辨率的特点，指出了双基地在提高成像概率和获取目标信息方面的优势[10,39]；提出了等效单基地 ISAR 的概念，简化了双基地 ISAR 分析过程[40-41]；指出了双基地 ISAR 处理过程中距离成像、包络对齐、自聚焦方面与单基地 ISAR 成像的联系和区别，并分析了同步误差及双基地角对双基地 ISAR 成像处理的影响，给出了特定成像要求下对同步误差精度的限制条件和双基地角时变特性的约束条件[41-42]；结合参数估计研究了双基地 ISAR 旋转矢量估计问题[43]；结合双基地 ISAR 成像特点，研究了双基地最优布站[44-45]、成像区间选择[46]、双基地 ISAR 成像中空时自适应处理应用[47]等问题。近年来，进一步开展了双多基地 ISAR 空间目标干涉成像技术研究[48-51]。Chen 等[52]从微多普勒的角度分析了双基地 ISAR 成像机理以及双基地 ISAR 分辨率。Simon 等[53]和 Burkholder 等[54]从电磁散射的角度研究了双基地配置下目标散射特性，并在暗室条件下进行了双基地 ISAR 成像试验。Kang 等[55-56]研究了双基地 ISAR 成像定标问题，基于智能优化算法进行参数估计，实现了双基地 ISAR 图像的定标和几何畸变校正。另外，Nakamura 等学者研究了无源双基雷达 ISAR[57]提升横向分辨率的方法，并完成了试验研究[58-59]；Baczyk 等[60]基于 DVB - T 信号开展了空中目标的无源双基地 ISAR 成像原理、成像算法等方面研究；Lazarov 等[61]基于 GPS 信号研究了广义上的双基地 ISAR，并进行了理论仿真实验验证。

20 世纪 80 年代末期，北京理工大学赵亦工[62]开展了双基地 ISAR 基本原理和成像算法研究。受限于 ISAR 成像研究水平和系统实现条件，在后续很长一段时间内，双基地 ISAR 成像方面的研究进展缓慢，未见相关公开报道的研究结果。进入 21 世纪后，随着 ISAR 成像研究的不断深入和新成像体制需求的增加，双基地 ISAR 又逐步引起国内学者的关注。2005 年以来，国内多家科研院所陆续公布了关于双基地 ISAR 成像的研究结果。朱玉鹏等[63]基于电磁计算进行双基地 ISAR 宽带回波建模，并基于微波暗室测量数据进行了成像验证，获得了二维平面运动转台目标的双基地 ISAR 图像；艾小锋等[64-67]对弹道导弹等自旋目标的 T/R - R 双基地 ISAR 成像、识别和信号级系统建模仿真进行了深入研究；田彪等[68-69]对空间目标 T/R - R 双基地 ISAR 干涉成像进行了深入研究。海军工程大学张亚标与空军预警学院汤子跃教授于 2005 年对双基地 ISAR 成像原理、分辨力等基本问题进行了研究[11,70]。上海交通大学黄艺毅[71]对双基地 ISAR 的平动补偿进行了研究并进行了仿真验证。空军工程大学张群教授的团队对双基地 ISAR 分辨率[72-73]、微动多普勒效应[74-75]、越距离单元徙动校正[76]

等方面开展了深入研究。西安电子科技大学高昭昭等[77-78]分析了双基地 ISAR 波数域回波模型，分析了双基地 ISAR 两个关键特征双基地角和等效视线方位角对模型的影响，并基于此对成像区域进行了划分，以指导选择成像算法；张龙等[79]对双基地两极区 ISAR 成像进行了研究，提出了一种基于改进 Relax 算法的成像方法；白雪茹等[80]基于 T/R – R 模式的双基地 ISAR，对空天自旋目标三维成像进行了研究。电子科技大学张顺生教授[81]研究了双基地 ISAR 对高速机动目标的成像方法，基于分数阶傅里叶变换实现距离压缩，通过多普勒特征进行成像区间选择，实现了高速复杂运动目标的成像。哈尔滨工业大学姜义成教授的团队开展了双基地 ISAR 舰船目标成像研究[82]以及岸基舰载模式下双基地 ISAR 空中目标成像研究[83-85]，扩展了双基地 ISAR 成像的研究范围和应用场景。本书课题组与北京理工大学高梅国教授团队合作，深入开展了双基地 ISAR 空间目标成像的理论和工程实践研究，重点对双基地 ISAR 的成像平面[86-88]、速度补偿[89-90]、越分辨单元徙动校正[91-92]及双站间接同步[93-94]等问题进行了深入研究，并开展了外场试验，经过处理获得了典型空间目标的成像结果[95-97]，推动了双基地 ISAR 成像研究的发展。图 1 – 5 所示为公开的基于该团队获得的国际空间站的双基地 ISAR 图像[97]，限于当时试验设备性能和试验条件，图像的信噪比和分辨率受到一定限制。

图 1 – 5　国际空间站双基地 ISAR 图像（附彩图）

2. 双基地 ISAR 稀疏成像研究

电磁散射理论和雷达成像研究均表明，对于宽带雷达 ISAR 成像，高频区目标电磁特性分布取决于少数等效散射中心，具有空域稀疏性，雷达回波可视为这些等效散射中心回波的叠加，在特定域具有稀疏特性[98]。现代谱估计算法等经典的高分辨算法在一定程度上利用回波信号的稀疏性，如 ESPRIT、MUSIC 等算法要求信号满足 K 个信号的叠加，该类算法虽能一定程度提高分辨率，但对噪声和观测模型误差较为敏感。2006年，Donoho、Candes 等数学家在稀疏表示的基础上提出 CS（compressed sensing，压缩感知）理论。CS 理论可从低维度的观测信号，基于求解信号的稀疏先验约束，通过稀疏重构算法进行稀疏优化求解，高概率恢复高维度稀疏信号[99-103]。雷达成像回波信号在特定域上的稀疏性与 CS 理论要求的稀疏性一致。CS 理论为雷达成像提供了新的思路，自 2007 年 Baraniuk 等[104]将 CS 理论引入雷达成像领域以来，CS 理论在压缩感知成像雷达体制设计、波形设计、雷达成像处理等方面受到越来越多的关注[105-106]。

基于 CS 的稀疏信号处理技术首先应用于研究相对成熟的单基地 ISAR 成像，随着研究的深入，部分学者也将其推广应用于双基地 ISAR 成像，并取得了一些研究成果。基于 CS 的双基地 ISAR 二维稀疏成像研究主要从稀疏孔径成像和二维联合成像方面展开，下面重点从这两方面简要结合相关的单基地 ISAR 的稀疏成像研究进行阐述。

基于 CS 的稀疏孔径高分辨成像研究，主要从短孔径和稀疏孔径高分辨成像两方面展开。相对于带宽资源，雷达方位向视角资源更难获得，同时短孔径雷达回波具有信号模型和预处理过程相对简单和便于实时处理的优势。随着电子对抗技术的发展和多功能化雷达的应用，部分视角的雷达脉冲可能被干扰或用于其他功能，这将导致稀疏孔径的产生。稀疏孔径下 ISAR 成像研究具有很强的工程应用背景需求，同时稀疏孔径对传统的 ISAR 方位压缩、相位自聚焦、越分辨单元徙动校正、方位定标等处理方法提出了新的挑战。

西安电子科技大学邢孟道教授团队的张磊、徐刚等系统开展了短孔径和稀疏孔径条件下单基地 ISAR 成像的预处理、观测模型构建、稀疏约束参数估计、机动目标成像、图像定标等方面研究，并结合实测数据进行了验证[107-118]。国防科技大学张双辉等[119-121]对稀疏孔径下相位自聚焦问题进行了深入研究，刘记红等[122-123]研究了非匀速目标、自旋目标稀疏孔径成像问题。南京航空航天大学汪玲等[124-125]研究了结合卡尔曼滤波的稀疏重构算法，并基于此研究了空间目标单基地 ISAR 稀疏方位向超分辨成像问题。在双基地 ISAR 稀疏孔径成像方面，一些学者利用 CS 稀疏信号处理的优势，解决了双基地 ISAR 成像中的复杂问题。Cataldo 等[126]采用短孔径回波以降低双基地角时变引起图像畸变的影响，通过理论分析选择限定孔径长度，在有限孔径数据的基础上采用 CS 稀疏信号处理以保持原有方位分辨率，在降低图像畸变的同时获得了目标高分辨图像。BAE 等[127]基于 OMP（orthogonal matching pursuit，正交匹配追踪）搜索方法估计双基地 ISAR 稀疏孔径下的信号参数，进而进行基于傅里叶基的方位向压缩，获得了双基地 ISAR 图像。Kang 等[128]研究了稀疏孔径条件下双基地 ISAR 机动目标成像问题，基于改进的 OMP 估计参数，直接构建感知矩阵进行双基地 ISAR 图像重构。国防科技大学张双辉等[129]研究了双基地 ISAR 机动目标稀疏孔径成像，通过瞬时多普勒选择多个多普勒平稳的短时成像区间，在分段短时成像区间内，假定目标近似为匀速转动且双基地角近似不变以简化稀疏观测模型，基于傅里叶基构建完成稀疏化表示，通过贝叶斯压缩感知实现了双基地 ISAR 的稀疏成像。本书课题组朱晓秀等[130]基于最大似然估计准则进行迭代求解，对双基地 ISAR 联合相位自聚焦的稀疏孔径成像方法进行了研究。另外，针对一发双收、一发多收工作模式的双多基地雷达 ISAR 成像系统，部分学者将多部接收站的回波数据通过适当的成像区域选择和相干化预处理后，等效为方位向的稀疏采样，进行稀疏孔径融合成像，从而提高方位分辨率[131-136]。

基于 CS 的距离方位二维联合稀疏 ISAR 成像，一般通过构建二维联合的稀疏基矩阵，并联合信号在二维上的稀疏性，通过稀疏重构算法进行稀疏成像。西安电子科技大学吴敏等[137]、国防科技大学候庆凯[138]、空军预警学院李少东等[139]研究了单基地 ISAR 中的联合二维稀疏成像问题，并分析了提高成像效率的方法。双基地 ISAR 成像中，空军预警学院陈文峰等[140-141]在单基地 ISAR 成像研究的基础上，将双基地 ISAR 二维联合稀疏成像问题建模为 l_1 范数稀疏优化问题，并提出了一种快速优化求解方法，实现二维稀疏联合双基地 ISAR 成像。中国科学技术大学柴守刚[142]基于稀疏驱动通过最大后验概率二维稀疏联合优化，实现了双基地 ISAR 的稀疏成像，并完成了几何畸变校正和定标。电子科技大学张顺生等[143]联合保相性距离维稀疏基矩阵和适用于双基地 ISAR 的方位维基矩阵，基于像元非同分布，通过加权 l_1 范数稀疏优化求解，获得了双基地 ISAR 稀疏高分辨像。杨梦君等[144-145]从网格失配的角度，研究了基于压缩感知的双基地 ISAR 成像方法。

综上所述，近十几年来，双基地 ISAR 成像理论和技术获得较大发展。然而，针对空间目标的高分辨双基地 ISAR 成像研究还不够完善，还有一些问题需要深入研究，下面对存在的三个方面关键问题进行分析和讨论。

（1）空间目标双基地 ISAR 成像试验中，非理想的通道幅频特性会严重影响成像质量，空间目标双基地 ISAR 双站距离较远，传统的单基地通道标校方法不再适用，需要进一步研究针对此系统的通道标校预处理方法，以利于后续获得高质量的双基地 ISAR 图像。

（2）高分辨双基地 ISAR 空间目标成像时，存在双基地角时变，会导致图像的歪斜和散焦，转动二次项则会进一步降低图像质量，现有成像算法对空间目标先验信息的挖掘还不够充分，高分辨率情况下的成像质量和成像算法鲁棒性还需要进一步提高。

（3）现有双基地稀疏孔径成像研究还不够深入，部分假定已有效完成稀疏孔径条件下的预处理，部分是单基地 ISAR 成像算法的直接扩展，由于双基地 ISAR 信号回波的复杂性，双基地 ISAR 稀疏观测模型和信号稀疏化表征方法，与稀疏成像场景和预处理过程并不完全一致，需要结合空间目标的特性，进一步深入开展双基地 ISAR 稀疏孔径高分辨成像研究。

1.3　内容安排

本书围绕高分辨双基地 ISAR 空间目标成像技术的若干关键问题开展深入研究，以期进一步提高成像质量，为目标特征识别提供更丰富可靠的信息，为双基地 ISAR 空间目标成像提供一定的理论指导和工程实践支撑。主要研究内容包括：针对空间目标的双基地 ISAR 回波模拟和通道标校预处理；双基地角时变下的高分辨 ISAR 成像和双基地 ISAR 稀疏孔径高分辨成像。全书共分为 6 章，每章主要研究内容具体如下：

第 1 章为绪论。首先，简要阐述了开展双基地 ISAR 空间目标成像研究的背景和意义；其次，概述了典型的高分辨空间目标成像系统及其应用，分析并总结了双基地 ISAR 成像技术的国内外研究现状；最后，介绍了本书研究内容和结构安排。

第 2 章研究了空间目标双基地 ISAR 系统的回波模拟方法以及通道标校预处理技术。首先，简要阐述了双基地 ISAR 成像的基本原理，分析了单双基地 ISAR 成像分辨率的联系和区别；其次，对三轴稳定对地定向空间目标进行了双基地 ISAR 回波建模，该模型包含了目标轨道运动和姿态调整引起的雷达观测矢量变化，构建了准确反映目标和雷达相对运动的回波；最后，从实际成像系统出发，分析了通道非理想特性对雷达回波的影响，提出了一种基于标准卫星累积回波的双基地 ISAR 系统通道标校方法，基于实测标准卫星回波，结合理想散射点模型和电磁散射模型，验证了所提通道标校方法的性能，获得了空间目标的双基地 ISAR 图像并分析了图像的特点，为进一步开展研究奠定基础。

第 3 章研究了双基地角时变条件下的空间目标成像算法。针对双基地角时变引起的 ISAR 图像畸变和散焦问题，提出了一种基于先验信息的空间目标双基地 ISAR 成像算法。首先，研究双基地 ISAR 成像平面的确定方法，指出了距离向与方位向在大部分情况下不正交，会导致图像歪斜，并结合成像平面空变性分析给出了相应的成像弧段选择方法；其次，建立了双基地角时变时双基地 ISAR 回波信号模型，从信号模型角度进一步分析了图像歪斜和图像散焦的机理；再次，基于目标轨道信息和成像几何关系估计双基地角时变系数，通过距离空变线性相位补偿实现图像线性畸变校正，通过虚拟慢时间映射，构建非均匀虚拟采样的补偿系数矩阵进行方位向压缩，降低图像散焦；最后，基于理想散射点模型和电磁散射模型验证了所提算法的性能。

第 4 章进一步考虑转动二次相位项对双基地 ISAR 图像的影响，提出了联合转动二次相位补偿的双基地 ISAR 空间目标成像算法。首先，从相位展开模型出发，分析了双基地角时变和转动二次相位引起的图像一次和二次畸变机理；其次，基于先验信息估计相应的双基地角时变系数和等效旋转速度；再次，基于图像对比度最大准则估计等效旋转中心距离坐标，并逐距离单元进行时域相位补偿，消除距离空变的线性畸变和二次畸变项，通过匹配傅里叶变换实现方位向压缩，消除沿方位向空变的二次畸变项，进一步提高图像聚焦程度；最后，基于理想散射点模型和电磁散射模型进行了仿真实验，验证了所提算法的有效性和鲁棒性。

第 5 章研究了双基地 ISAR 稀疏孔径成像算法，提出了联合平动残余相位校正和越分辨单元徙动校正处理的稀疏孔径高分辨成像算法。首先，通过将双基地角时变和转动二次项引起的相位调制，建模成方位和距离二维空变的形式，将距离空变二次相位项转化为非空变相位项，构建含有平动补偿残余相位误差和距离空变补偿残余相位误差的观测模型，基于匹配傅里叶基对双基地 ISAR 图像进行稀疏化表示；其次，提出了基于 CGSM 先验和基于复拉普拉斯先验双基地 ISAR 稀疏高分辨成像方法，基于全贝叶斯推理实现稀疏高分辨成像和残余相位误差迭代校正，仿真实验验证了所提算法的有效性和鲁棒性；最后，将基于复拉普拉斯先验的成像算法推广到需要考虑距离徙动的场景下，建立了相应的稀疏成像观测模型，并提出了进一步联合越距离单元徙动校正的稀疏成像算法，仿真实验验证了所提算法的有效性和鲁棒性。

第6章总结了本书的研究内容和创新点，并展望了双基地 ISAR 空间目标成像进一步的研究方向和发展趋势。

第 **2** 章

空间目标双基地 ISAR 回波模拟与通道标校预处理

双基地 ISAR 系统成像原理与单基地 ISAR 系统类似，两者均通过回波相对时延实现距离维分辨，通过方位维多普勒信息差异实现方位维分辨。通过特定成像算法，对目标回波进行处理，获取"凝视"的目标 ISAR 图像。准确的回波建模是开展 ISAR 成像技术研究的重要基础。典型人造空间目标在空间中的运动包含按预定轨道的平动和特定姿态调整的姿态稳定运动；地基雷达固定在地球表面，随地球自转运动。回波模拟需要真实反映目标和雷达之间的相对运动特性。空间目标回波模拟，需要考虑目标轨道运动、姿态稳定运动以及地球自转等因素的影响，可根据先验轨道信息并结合成像几何关系，获得雷达与目标的相对观测矢量，再结合目标电磁散射分布构建雷达回波，为后续成像实验验证奠定基础。

高分辨双基地 ISAR 成像系统通过发射大带宽信号，获得高距离分辨率。实际宽带信号发射、传输、接收过程中，要经过雷达系统的发射通道、接收通道（包括馈线系统、天线系统等）以及实际空间传播环境。实际雷达回波不仅与雷达视线变化和目标散射特性分布有关，还受实际非理想通道特性的调制，非理想通道幅频特性会严重影响成像质量。空间目标双基地 ISAR 双站距离较远，传统单基地通道标校方法不适用，需要进一步研究针对空间目标双基地 ISAR 系统的通道标校预处理方法，降低非理想通道特性的影响，以提高成像质量。

本章重点研究了空间目标双基地 ISAR 系统回波模拟和通道标校预处理方法。具体安排如下：2.2 节通过分析运动轨迹、发射站、接收站共面的平稳运动目标模型，阐述双基地 ISAR 成像的基本原理和基本概念；2.3 节基于空间目标轨道先验信息、发射站和接收站位置以及成像几何先验，考虑目标旋转和地球自转等因素，推导地心地固坐标系下雷达对于三轴稳定对地定向空间目标的观测矢量表达式，结合目标电磁散射分布，构建空间目标双基地 ISAR 回波；2.4 节分析通道非理想特性对雷达回波的影响，针对双基地 ISAR 系统提出一种基于标准卫星回波的通道标校方法，该方法利用卫星回波脉压后信息实现多周期卫星回波相干累积、提高回波信噪比、构造标校系数，消除通道非理想传输特性的影响，从而提高成像质量，并基于散射点模型和电磁散射模型验证所提通道标校方法的性能，获得空间目标的双基地 ISAR 图像；2.5 节进行小结。

▮ 2.2　双基地 ISAR 基本成像原理

双基地 ISAR 系统是单基地 ISAR 系统的扩展，相对于单基地雷达，其发射站和接收站处于不同位置。由于收发分置，双基地 ISAR 的成像模型、成像分辨率与单基地 ISAR 系统有所区别。本节将对此进行简要分析，以期为后续研究奠定基础。

2.2.1　基本成像原理

假定目标运动轨迹与发射站、接收站共面，目标在空间平稳运动，有效旋转矢量垂直于平面，指向外侧。图 2 - 1 所示为双基地 ISAR 成像模型，T 为发射站，R 为接收站，发射站和接收站之间的连线为雷达基线，长度为 L，E 为双基地 ISAR 对应的等效单基地雷达[10,40]。目标平稳运动，运动速度为 V。在起始成像时刻 t_0，目标质心位于 O 点，对应的双基地角为 β_0。以目标质心 O 为原点，以双基地角 β_0 的平分线为 y 轴，按照右手法则建立目标本体坐标系 xOy。该坐标系中任意散射点 P 的坐标为 $(x_P,$ $y_P)$，OP 长度记为 d，与 x 轴的夹角记为 α_0。在 t_m 时刻，目标质心平移至 O_m 点，坐标系 $x'O_m y'$ 是由坐标系 xOy 平移得到的。以 O_m 为原点，以双基地角平分线为 v 轴，按右手法则建立目标本体坐标系 $uO_m v$，散射点 P 在该坐标系 $uO_m v$ 中记为 $P_m(x_{Pm}, y_{Pm})$，$O_m P_m$ 与 u 轴的夹角为 α_m，等效单基地雷达的视角变化为 θ_m（目标等效旋转角度）。定义视角逆时针转动为正。t_m 时刻的坐标系 $uO_m v$ 由坐标系 $x'O_m y'$ 顺时针转动得到，对应的 θ_m 为负值，$\alpha_m = \alpha_0 + \theta_m$。$R_{TPm}$ 为 P_m 与发射站之间的距离，R_{RPm} 为 P_m 与接收站之间的距离，R_{TOm} 为 O_m 与发射站之间的距离，R_{ROm} 为 O_m 与接收站之间的距离。

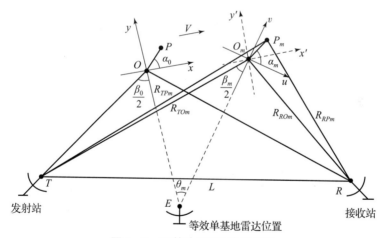

图 2-1　双基地 ISAR 成像模型

设发射站发射如下线性调频信号（linear frequency modulation，LFM），脉冲重复周期为 PRT：

$$s_t(\hat{t}, t_m) = \mathrm{rect}\left(\frac{\hat{t}}{T_p}\right)\exp\left(\mathrm{j}2\pi\left(f_c t + \frac{1}{2}\mu\hat{t}^2\right)\right) \qquad (2-1)$$

式中，$\operatorname{rect}\left(\dfrac{\hat{t}}{T_p}\right) = \begin{cases} 1, & \left|\dfrac{\hat{t}}{T_p}\right| \leq \dfrac{1}{2} \\[3mm] 0, & \left|\dfrac{\hat{t}}{T_p}\right| > \dfrac{1}{2} \end{cases}$；

t——信号对应的真实时间；

t_m——慢时间，对应发射时刻，$t_m = m\mathrm{PRT}$，$m = 0,1,2,\cdots$；

$\hat{t}$——快时间，$\hat{t} = t - t_m$；

f_c——信号载频；

μ——调频斜率；

T_p——发射信号脉冲宽度。

与发射信号 $s_t(\hat{t}, t_m)$ 相对应的基带信号为

$$s_{tb}(\hat{t}, t_m) = \operatorname{rect}\left(\frac{\hat{t}}{T_p}\right)\exp(\mathrm{j}\pi\mu\hat{t}^2) \tag{2-2}$$

短时间小角度成像期间，散射点 P 的电磁散射系数恒定，表示为 σ_P。在 t_m 成像时刻，对应的散射点 P_m 到收发雷达的距离之和为

$$R_{Pm} = R_{TPm} + R_{RPm} \tag{2-3}$$

散射点距离对应的时延信息 R_{Pm}/c，相应的回波信号可表示为

$$s_r(\hat{t}, t_m) = \sigma_P \cdot \operatorname{rect}\left(\frac{\hat{t} - \dfrac{R_{Pm}}{c}}{T_p}\right) \cdot \exp\left(\mathrm{j}2\pi\left(f_c\left(t - \frac{R_{Pm}}{c}\right) + \frac{1}{2}\mu\left(\hat{t} - \frac{R_{Pm}}{c}\right)^2\right)\right)$$

$$\tag{2-4}$$

式中，c——电磁波传播速度。

通过相参本振，进行下变频，散射点 P_m 对应的基带回波信号为

$$s_{rb}(\hat{t}, t_m) = \sigma_P \cdot s_{tb}\left(\hat{t} - \frac{R_{Pm}}{c}, t_m\right) \cdot \exp\left(-\mathrm{j}2\pi f_c\frac{R_{Pm}}{c}\right) \tag{2-5}$$

回波基带信号的频域信号可表示为

$$S_{rb}(f,t_m) = \sigma_P \cdot S_{tb}(f) \cdot \exp\left(-j2\pi f \frac{R_{Pm}}{c}\right) \cdot \exp\left(-j2\pi f_c \frac{R_{Pm}}{c}\right)$$

$$= \sigma_P \cdot S_{tb}(f) \cdot \exp\left(-j2\pi \frac{f+f_c}{c} R_{Pm}\right) \qquad (2-6)$$

式中，$S_{tb}(f)$——发射基带信号 $s_{tb}(\hat{t},t_m)$ 对应的频域信号。

对回波基带信号进行脉冲压缩，获得距离维高分辨像。采用式（2-2）发射基带回波信号的频域共轭 $H(f) = S_{tb}^*(f)$，作为匹配滤波器，进行距离维脉冲压缩。脉压后散射点 P_m 的回波时域和频域信号可表示为

$$s_c(\hat{t},t_m) = \sigma_P T_p \text{sinc}\left(\mu T_p\left(\hat{t} - \frac{R_{Pm}}{c}\right)\right) \cdot \exp\left(-j2\pi f_c \frac{R_{Pm}}{c}\right) \qquad (2-7)$$

$$S_c(f,t_m) = \sigma_P \cdot |S_{tb}(f)|^2 \cdot \exp\left(-j2\pi(f_c+f)\frac{R_{Pm}}{c}\right) \qquad (2-8)$$

R_{Pm} 随慢时间 t_m 变化，$\text{sinc}(x) = \sin(\pi x)/(\pi x)$ 为辛克函数。式（2-7）中辛克函数峰值位置对应了脉压后散射点距离维的位置。用于散射点方位向分辨的多普勒信息，由 $\exp(-j2\pi f_c R_{Pm}/c)$ 的相位变化决定。

对于观测空间目标的双基地 ISAR 系统，目标满足远场条件，目标尺寸 d 远小于目标到发射站/接收站的距离，即 $d \ll R_{TOm}, d \ll R_{ROm}$，由于 $\alpha_m = \alpha_0 + \theta_m$，因此散射点 P_m 到发射站、接收站的距离可分别表示为

$$R_{TPm} = R_{TOm} + d\cos\left(\frac{\pi}{2} - \frac{\beta_m}{2} - (\alpha_0 + \theta_m)\right) \qquad (2-9)$$

$$R_{RPm} = R_{ROm} + d\cos\left(\frac{\pi}{2} + \frac{\beta_m}{2} - (\alpha_0 + \theta_m)\right) \qquad (2-10)$$

由式（2-9）和式（2-10）可得散射点 P_m 到发射站、接收站的距离之和为

$$R_{Pm} = (R_{TOm} + R_{TOm}) + 2d\sin(\alpha_0 + \theta_m)\cos\frac{\beta_m}{2}$$

$$= R_{Om} + 2(x_P\sin\theta_m + y_P\cos\theta_m)\cos\frac{\beta_m}{2} \qquad (2-11)$$

式中，R_{Om}——目标质心 O_m 与发射站、接收站之间的距离，对应目标运动的平动分量，$R_{Om} = R_{TOm} + R_{ROm}$。

记在坐标系 $x_m O_m y_m$ 下，散射点 P_m 坐标为 (x_{Pm}, y_{Pm})，则

$$
\Delta R_{Pm} = R_{Pm} - R_{Om}
$$

$$
= 2(x_P \sin \theta_m + y_P \cos \theta_m) \cos \frac{\beta_m}{2} = 2 y_{Pm} \cos \frac{\beta_m}{2} \quad (2-12)
$$

式中，ΔR_{Pm}——由目标等效转动引起，对应目标转动分量。相对于单基地 ISAR，其值与双基地角有关，为 $O_m P_m$ 在双基地角平分线方向投影长度的 $2\cos(\beta_m/2)$ 倍。

结合式（2–5）和式（2–11）可得，与单基地 ISAR 回波类似，双基地 ISAR 回波也可以分解为平动项与转动项。经过理想的平动补偿（包络对齐和初相校正）后，平动项被有效补偿，只保留对成像有利的转动项。式（2–7）对应的散射点 P_m 的脉压后回波（距离像）可表示为

$$
s_c(\hat{t}, t_m) = \sigma_P T_p \mathrm{sinc}\left(\mu T_p\left(\hat{t} - \frac{\Delta R_{Pm}}{c}\right)\right)\exp\left(-\mathrm{j}2\pi f_c \frac{\Delta R_{Pm}}{c}\right)
$$

$$
= \sigma_P T_p \mathrm{sinc}\left(\mu T_p\left(\hat{t} - \frac{2(x_P \sin \theta(t_m) + y_P \cos \theta(t_m))}{c}\cos \frac{\beta(t_m)}{2}\right)\right) \cdot
$$

$$
\exp\left(-\mathrm{j}2\pi f_c \frac{2(x_P \sin \theta(t_m) + y_P \cos \theta(t_m))}{c}\cos \frac{\beta(t_m)}{2}\right)
$$

$$
(2-13)
$$

在观测时间内，若目标等效转动可视为匀速转动，且成像期间引起的等效累积转角 $\theta(t_m)$ 的变化量很小，则可进行 $\sin \theta(t_m) \approx \omega t_m$，$\cos \theta(t_m) \approx 1$ 的近似，其中 ω 为等效转速。假设成像期间，双基地角 $\beta(t_m)$ 恒定为 β，则式（2–13）中距离像回波可近似为

$$
S_c(\hat{t}, t_m) \approx \sigma_P T_p \mathrm{sinc}\left(\mu T_p\left(\hat{t} - \frac{2 y_P}{c}\cos \frac{\beta}{2}\right)\right)\exp\left(-\mathrm{j}2\pi \frac{2 f_c}{c}(x_P \omega t_m + y_P)\cos \frac{\beta}{2}\right)
$$

$$
(2-14)
$$

沿慢时间域，对一维距离像作傅里叶变换，可得目标二维脉压后的回波为

$$
S_{\mathrm{isar}}(\hat{t}, f_d) = a_P \cdot \mathrm{sinc}\left(\mu T_p\left(\hat{t} - \frac{2 y_P}{c}\cos \frac{\beta}{2}\right)\right)\mathrm{sinc}\left(f_d + \frac{2 f_c}{c}x_P \omega \cos \frac{\beta}{2}\right)
$$

$$
(2-15)
$$

式中，a_P——复幅度；

　　f_d——方位向多普勒频率。

经过距离 – 多普勒（range – Doppler，RD）成像算法处理后，对每一个散射点对应的式（2 – 15）取模，可获得目标 ISAR 二维图像。

2.2.2　成像分辨率

基于上节分析，双基地 ISAR 基于大带宽 LFM 信号，通过距离维脉冲压缩，实现距离维高分辨。与单基地 ISAR 一样，双基地 ISAR 距离分辨率也受限于发射信号的带宽。若发射 LFM 信号带宽为 B，则脉压后信号对应的时域分辨率为 $1/B$。将双基地 ISAR 距离分辨率设为 ρ_y，由式（2 – 15）的第一个辛克函数项可得

$$\frac{2\rho_y}{c}\cos\frac{\beta}{2} = \frac{1}{B} \tag{2 – 16}$$

则距离分辨率为

$$\rho_y = \frac{c}{2B\cos(\beta/2)} \tag{2 – 17}$$

经过平动补偿后，获得只与转动项有关的方位多普勒信息，方位向多普勒信息与等效目标转速和散射点的方位向位置有关，通过提取方位向多普勒信息差异，可实现方位向分辨。方位分辨率决定于总的成像时间 T，对应的多普勒分辨率为 $1/T$，双基地 ISAR 方位分辨率为 ρ_x，根据式（2 – 15）的第二个辛克函数项可得

$$\frac{2f_c}{c}\rho_x\omega\cos\frac{\beta}{2} = \frac{1}{T} \tag{2 – 18}$$

则方位分辨率为

$$\rho_x = \frac{c}{2\omega Tf_c\cos(\beta/2)} = \frac{\lambda}{2\Delta\theta\cos(\beta/2)} \tag{2 – 19}$$

式中，$\Delta\theta$——等效的累积转角；

　　λ——信号载波波长。

单基地 ISAR 系统的距离分辨率和方位分辨率分别为 $c/(2B)$ 和 $\lambda/(2\Delta\theta)$。双基地 ISAR 系统由于收发分置，因此存在双基地角 β。相比于单基地 ISAR 系统，双基地 ISAR 系统的距离分辨率和方位分辨率均乘以了一个 $1/\cos(\beta/2)$ 因子。通常，在短时成像条件下可用起始的双基地角 β_0 近似，双基地 ISAR 成像分辨率下降的倍数为 $1/\cos(\beta_0/2)$[10]。相同条件下，双基地 ISAR 成像分辨率较单基地 ISAR 成像分辨率有所降低。换言之，为获得同样的分辨率，双基地 ISAR 系统需要考虑双基地角的影响，在此基础上采用更大带宽的信号和累积转角。

2.3　三轴稳定空间目标双基地 ISAR 回波模拟

人造空间目标沿着预定的轨道在空间运动。现代空间目标大多具备姿态控制功能，可根据测量的姿态误差动态进行姿态调整，以实现姿态的稳定控制。现代大多数人造空间目标可以通过姿态调整实现对地定向的三轴稳定。

2.3.1　三轴稳定空间目标特性及常用坐标系

对地定向的三轴姿态稳定是一种典型的姿态稳定控制模式。此类目标通过控制三个互相垂直的轴，使目标偏航轴方向与铅垂线方向一致，以此来保持特定方向始终对齐地面，从而实现对地定向[146]。此类目标在以地心为原点的观测坐标系中，目标姿态可保持不变，完全平稳运动的目标则会产生一定视角差。现代典型的人造空间目标（如人造卫星、空间站等）均具有相应的姿态调控系统，可以实现三轴姿态的可靠稳定控制。

本章后续工作将使用四个典型的空间坐标系（图 2 - 2）来描绘空间目标的运动，接下来简要介绍四个常用到的坐标系[146]。

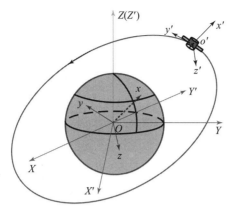

图 2 - 2　典型空间坐标系（附彩图）

1. 地心观测坐标系

地心观测坐标系即图 2 - 2 中的 xyz 坐标系。该坐标系的原点位于地球质心；x 轴从地心指向空间目标；y 轴垂直于 x 轴，并指向目标运动方向；xy 平面是轨道平面；z 轴垂直于轨道平面。

2. 星基观测坐标系

星基观测坐标系即图 2 - 2 中的 $x'y'z'$ 坐标系。该坐标系位于空间目标本体上，它的原点 o' 位于空间目标质心；x' 轴是由地心指向空间目标的矢量；y' 轴与 x' 轴垂直，其正方向为空间目标运动方向；$x'y'$ 平面是轨道平面；z' 轴与 x' 轴和 y' 轴组成右手笛卡儿坐标系。

3. 地心惯性坐标系

地心惯性坐标系即图 2 - 2 中的 XYZ 坐标系。地心惯性坐标系是一个非旋转的坐标系；X 轴指向春分点方向，XY 平面是地球的赤道平面；Z 轴与地球的旋转轴重合并指向北极点；Z 轴与 X 轴和 Y 轴组成右手笛卡儿坐标系。

4. 地心地固坐标系

地心地固坐标系即图 2 - 2 中的 $X'Y'Z'$ 坐标系。该坐标系与地心惯性坐标系具有一致的原点，即地心 O'；X' 轴在赤道平面内，通过赤道与本初子午线的交汇点；Y' 轴在赤道平面内，通过赤道与东经 90° 的交汇点；Z'

轴与地球的旋转轴重合，并指向北极点。地心地固坐标系是随地球自转而
转动的坐标系，可通过地心惯性坐标系绕 Z 轴旋转一定角度得到。

2.3.2 雷达与空间目标的相对观测矢量

三轴稳定对地定向目标的运动，可视为目标质心在轨道上的运动和目
标对地定向姿态调整转动的叠加。通过特定的轨道模型（二体运动模型、
SGP4 模型等），可获得目标质心与雷达间的相对运动。其中，SGP4 模型
虽然考虑了引力摄动等因素，但该模型无法获得目标位置等相关信息的解
析解，在短时间成像内，引力摄动等因素的影响可以忽略。二体运动模型
相对简单，可以给出轨道上目标运动信息的解析解，便于分析轨道参数对
成像的影响。同时，二体运动模型还可以有效叠加目标姿态转动信息，准
确描述目标上散射点的整体运动信息。因此，本节通过二体运动模型，联
合考虑目标质点的运动和对地定向姿态稳定转动，通过空间坐标系转换来
获得地心地固坐标系下目标上散射点的观测矢量表达式，以此为基础模拟
此类目标运动的回波。

图 2-3 给出了理想的三轴姿态稳定对地定向目标的运动模型。在目
标运动过程中，星基坐标系 $x'y'z'$ 坐标轴指向没有发生变化，坐标系原点
在目标质心上，坐标系随质心的运动而平移。在此坐标系中，目标绕 z' 轴
进行旋转。观测过程中，目标姿态调整产生的旋转角为 $\theta_{z'}$。

因此，对星基坐标系下位置矢量为 $[x_0, y_0, z_0]^{\mathrm{T}}$ 的散射点，仅考虑对地
定向稳定旋转运动，其在时刻 t 的位置矢量可表示为

$$[x'_t, y'_t, z'_t]^{\mathrm{T}} = \boldsymbol{R}_z(-\theta_{z'})[x_0, y_0, z_0]^{\mathrm{T}} \qquad (2-20)$$

式中，$\boldsymbol{R}_z(-\theta_{z'})$——目标绕 z' 轴逆时针旋转对应的旋转矩阵。

空间目标通过对地定向姿态调整，使得目标的姿态相对于地心不变。
这期间地心坐标系绕 z 轴逆时针旋转的角度为 φ_z。目标对地定向姿态调整
转角 $\theta_{z'}$ 与对应的真近点角 φ_z 一致，即存在

$$\varphi_z = \theta_{z'} \qquad (2-21)$$

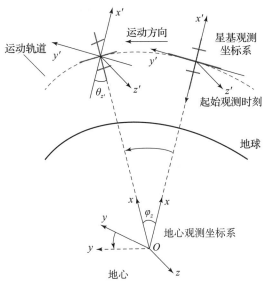

图 2-3　三轴姿态稳定对地定向空间目标运动模型（附彩图）

　　在轨运行的三轴稳定对地定向目标，由于对地定向的姿态调整，目标的各散射点在观测时刻对应的地心观测坐标系 xyz 中的位置保持不变。因此，在观测时刻 t，目标质心在地心观测坐标系 xyz 中的位置矢量可以表示为

$$[x_t, y_t, z_t]^T = [x_0, y_0, z_0]^T \qquad (2-22)$$

　　简化的二体运动模型中，将目标和地球等效为两个质点。在此模型基础上，目标在地心坐标系中的位置矢量可表示为

$$[x_c, y_c, z_c]^T = [r, 0, 0]^T \qquad (2-23)$$

式中，r——目标质心与地心之间的距离。

　　在轨运行的空间目标，其位置可以通过两行轨道根数（two line elements，TLE）结合轨道方程获得[146]。

　　在地心坐标系中，空间目标的某散射点与目标质心的相对坐标矢量为 $[x_i, y_i, z_i]^T$，则在特定时刻的地心观测坐标系中，此散射点的坐标矢量为

$$[x_p, y_p, z_p]^T = [x_0, y_0, z_0]^T + [x_i, y_i, z_i]^T = [x_i + r, y_i, z_i]^T \quad (2-24)$$

由于散射点坐标在观测时刻对应的地心观测坐标系保持不变，而发射

站和接收站的位置在地心地固坐标系中是固定不变的，因此要获得两者的相对观测矢量就需要进行坐标转换。我们将散射点坐标从地心观测坐标系 xyz 转换到地心惯性坐标系 XYZ，再转换到地心地固坐标系 $X'Y'Z'$。

某雷达在地表上的位置用纬度 θ_{Lat}、经度 θ_{Long} 和海拔 h_{R} 表示，则雷达在地心地固坐标系 $X'Y'Z'$ 下对应的坐标为

$$\begin{bmatrix} x_{\text{R}} \\ y_{\text{R}} \\ z_{\text{R}} \end{bmatrix} = \begin{bmatrix} (R_{\text{E}} + h_{\text{R}}) \cos\theta_{\text{Lat}} \cos\theta_{\text{Long}} \\ (R_{\text{E}} + h_{\text{R}}) \cos\theta_{\text{Lat}} \sin\theta_{\text{Long}} \\ (R_{\text{E}} + h_{\text{R}}) \sin\theta_{\text{Lat}} \end{bmatrix} \qquad (2-25)$$

式中，R_{E}——地球半径，$R_{\text{E}} = 6\ 378.\ 15\ \text{km}$。

由此可得，在地心地固坐标系 $X'Y'Z'$ 中，散射点 P 对应的雷达观测矢量可表示为

$$[x_{\text{obs}}, y_{\text{obs}}, z_{\text{obs}}]^{\text{T}} = \boldsymbol{R}_{X-X'} \boldsymbol{R}_{x-X} [x_p, y_p, z_p]^{\text{T}} - [x_{\text{R}}, y_{\text{R}}, z_{\text{R}}]^{\text{T}} \qquad (2-26)$$

式中，$\boldsymbol{R}_{x-X}$——由地心观测坐标系 xyz 转到地心惯性坐标系 XYZ 所对应的旋转矩阵；

$\boldsymbol{R}_{X-X'}$——由地心惯性坐标系 XYZ 转到地心地固坐标系 $X'Y'Z'$ 所对应的旋转矩阵。

说明： $\boldsymbol{R}_{x-X}$ 和 $\boldsymbol{R}_{X-X'}$ 的表达式和详细的推导过程参见文献 [147]。

2.3.3 双基地 ISAR 回波模拟

在雷达成像领域，通常复杂人造空间目标（如卫星、大型空间站等）的尺寸远大于雷达工作的波长，是电大尺寸目标。在高频区，复杂人造目标的散射特性可等效为若干个散射中心散射特性的集合。鉴于目标的高频电磁散射特性，可依据具体工程背景要求选择合理的高频近似方法进行计算。物理光学（physical optics，PO）方法是一种经典高频近似方法，可通过近似积分得到有效的散射场分布，获得等效的目标散射中心的散射截面积（radar cross section，RCS）数据，该方法运算速度快、占用内存小，在工程上应用广泛[148]。本书在后续章节将基于 PO 方法，获得某典型空间目

标的电磁散射数据，用于仿真实验，验证相关算法的有效性和鲁棒性。

对于高分辨率雷达，为获得高距离分辨率，通常采用具有大时宽带宽积的发射信号。对于存在高速运动的空间目标，"停 – 走"假设模型存在误差。在模拟相应的回波信号时，可根据轨道先验信息获得空间目标的运动信息，补偿脉内多普勒效应，使回波满足"停 – 走"假设。此部分并非本书的研究重点，因此没有进行详细推导，其具体过程可参见文献［149］。下文中假定已完成脉内多普勒补偿，在此基础上模拟满足"停 – 走"假设模型的目标回波。

一般情况下，对于工作在微波波段的 ISAR 成像雷达，在短时间成像和小角度成像（一般认为视角变化小于 $10°$）条件下，目标上散射点的位置和强度分布可视为恒定[7]，通过电磁散射计算可获得目标的电磁散射分布数据。成像期间，散射点 P 的电磁散射系数为 σ_P。对于每一个慢时间 t_m 时刻，根据 2.3.2 节分析，获得目标上散射点和收发雷达之间的相对观测矢量，计算每一个散射点（散射中心）与收发雷达站之间的距离，可获得对应的散射点 P_m 到发射站和接收站的距离 R_{TPm} 和 R_{RPm}，从而可得散射点 P_m 到收发雷达的距离之和 $R_{Pm} = R_{TPm} + R_{RPm}$。在具体发射波形上叠加相应的距离信息，可以获得对应散射点的回波信息。假定发射站雷达发射如式（2 – 1）所示的 LFM 信号，叠加上散射点对应的时延信息 R_{Pm}/c，将式（2 – 5）重写如下：

$$s_{\text{rb}}(\hat{t}, t_m) = \sigma_P \cdot s_{\text{tb}}\left(\hat{t} - \frac{R_{Pm}}{c}, t_m\right) \cdot \exp\left(-\text{j}2\pi f_c \frac{R_{Pm}}{c}\right)$$

$$= \sigma_P \cdot \text{rect}\left(\frac{\hat{t} - \dfrac{R_{Pm}}{c}}{T_p}\right) \cdot \exp\left(\text{j}\pi\mu\left(\hat{t} - \frac{R_{Pm}}{c}\right)^2\right) \cdot \exp\left(-\text{j}2\pi f_c \frac{R_{Pm}}{c}\right)$$

$$(2 - 27)$$

按照式（2 – 27）模拟散射点 P_m 对应的基带回波信号，根据获得的每一个散射点的回波信息进行累加，可以有效模拟慢时间 t_m 时刻的目标回波。遍历所有慢时间 t_m，即可获得整个观测时间内的目标回波。

■ 2.4 空间目标双基地 ISAR 通道标校预处理

双基地 ISAR 系统实际成像时，成像系统的非理想通道特性将导致雷达回波失真，影响后续的脉冲压缩性能和成像质量，需要进行通道系统标校预处理以降低回波失真。实际系统中，要求将整机系统的幅相特性失真度控制在一个基本的指标范围内，且对每一个分系统的一致性和幅相失真度有严格要求，但系统通道特性受分系统之间连接、分系统幅相特性稳定度等因素影响，并不是始终不变的。其中，相关收发通道上器件特性的变化以及实际空间传播环境的变化（天气、温度、湿度等因素的影响）都将导致非理想的通道幅相传输特性，使得实际接收信号失真。这些因素导致的接收信号与理想的参考信号失配会影响后续脉冲压缩性能和成像质量。为了保证成像质量，实际的双基地 ISAR 系统需要对非理想的通道传输特性进行通道标校。

对于单基地 ISAR 系统，系统的通道标校过程可基于标校塔来完成。一般标校塔与雷达之间的距离为几千米至十几千米（远场条件成立）。雷达系统进行通道标校时，向标校塔发射信号，标校塔通过内置的延迟转发设备先将收到的信号添加一定时延，再转发给雷达系统。此回波可视为点目标回波，并且具有高信噪比。雷达通过接收此回波获得收发通道特性标校系数，完成通道标校。但对于观测空间目标的双基地 ISAR 系统，收发双站雷达之间距离很远（一般在几百千米至几千千米的量级），基于标校塔来构建双站雷达的收发通路不具有可行性。因此，这类方法不适用于观测空间目标的双基地 ISAR 系统的通道标校。

基于此，本节从双基地 ISAR 系统的实际出发，提出了一种基于标准卫星的通道标校方法。该方法通过相参积累标准卫星回波数据，提高回波信噪比，构造高质量双基地 ISAR 系统的标校系数，可有效完成系统的通道标校预处理，有利于后续获得高质量的双基地 ISAR 图像。

2.4.1　非理想通道对双基地 ISAR 信号的影响机理

对于实际雷达成像系统回波信号，除了要考虑与目标散射特性相关的因素，还需进一步考虑收发通道和传播路径的非理想传输因素的影响。在实际雷达信号收发过程中，信号需要经过收发通道（天馈线、低噪放等）及实际空间传播。通道的传输特性与目标本身的散射特性无关，但会影响目标回波特性。其时域传输特性记为 $h_{TR}(t)$，频域传输特性记为 $H_{TR}(f)$。一般在平稳外部环境（非剧烈变化）条件下，较短时间内，通道特性可视为稳定的。因此，在系统成像期间（几秒至十几秒数量级），系统通道特性基本没有发生变化，无须考虑慢时间对通道特性的影响[4]。

若获得了相应的通道特性，则根据信号与系统的理论，可将实际双基地 ISAR 系统接收到某散射点回波基带信号（式（2 – 27））进一步表示为

$$s_{r-channel}(\hat{t}, t_m) = s_{rb}(\hat{t}, t_m) \otimes h_{TR}(\hat{t})$$
$$= \sigma_P \cdot s_{tb}(\hat{t} - \tau_P, t_m) \cdot \exp(-j2\pi f_c \tau_P) \otimes h_{TR}(\hat{t})$$

$$(2 – 28)$$

式中，$\otimes$——卷积运算；

τ_P——散射点对应的时延，$\tau_P = R_{Pm}/c$。

对应的频谱可进一步表示为

$$S_{r-channel}(f, t_m) = S_{rb}(f, t_m) \cdot H_{TR}(f)$$
$$= \sigma_P \cdot S_{tb}(f) \cdot H_{TR}(f) \cdot \exp\left(-j2\pi \frac{f+f_c}{c} R_{Pm}\right)$$

$$(2 – 29)$$

则接收到的回波经脉冲压缩后会受到 $H_{TR}(f)$ 的调制。其中，$S_{tb}(f)$ 为发射基带信号 $s_{tb}(\hat{t}, t_m)$ 的频谱。使用匹配滤波器 $H(f)$ 进行距离维脉冲压缩。$H(f)$ 是基带信号 $s_{tb}(\hat{t}, t_m)$ 的频域共轭，即 $H(f) = S_{tb}^*(f)$。脉冲压缩后得到的一维距离像的频谱可表示为

$$S_{\text{hrrp\_channel}}(f,t_m) = |S_{tb}(f)|^2 \cdot H_{\text{TR}}(f) \cdot \exp(-j2\pi(f_c + f)\tau_P)$$

$$(2-30)$$

受成像系统收发通道 $H_{\text{TR}}(f)$ 的影响，接收到的回波信号失真。若不进行通道标校，仍采用原来的理想匹配滤波器进行脉冲压缩，就会导致匹配滤波失配，影响脉冲压缩性能。对式（2-30）作快速傅里叶逆变换（IFFT），无法得到理想的辛克函数。

图 2-4 给出了单个点目标回波脉冲压缩得到的一维距离像。可以看出，由于通道的非理想特性，一维距离像峰值出现明显展宽，峰值幅度也有一定减小，位置发生了偏移，旁瓣升高且不对称。该现象出现的本质原因在于非理想通道的相位调制（线性或随机调制）和幅度调制，使得雷达接收到的 LFM 信号出现失真，匹配滤波时若仍采用理想的参考信号，会造成失配现象，影响一维距离像聚焦效果。在此基础上得到的 ISAR 二维图像也会出现波瓣分裂和散焦，如图 2-5 所示，可见通道特性对回波的影响不容忽视。

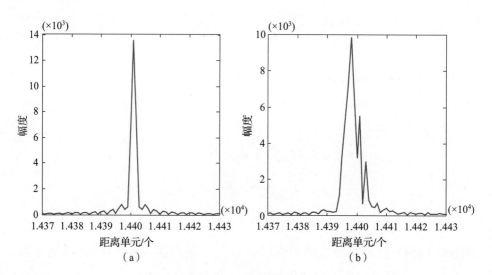

图 2-4 一维距离像对比

（a）理想通道；（b）非理想通道

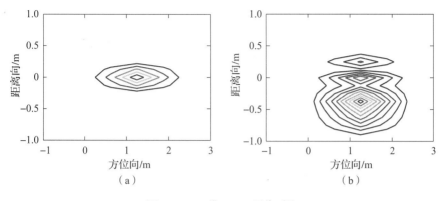

图 2 – 5　二维 ISAR 图像对比

（a）理想通道；（b）非理想通道

2.4.2　基于标准卫星的通道幅相标校方法

对于空间目标双基地 ISAR 系统，雷达系统的基线可达数百千米甚至上千千米，需要选择一种同时与双基地雷达存在直视径，且回波特征稳定的目标，构成收发闭合环路。标准卫星也称为标准球形卫星，其 RCS 通常在 1 m² 以内，各向散射特性一致，可以视为点目标，且回波信号稳定，可满足双基地 ISAR 系统通道标校的需求。因此，选用标准卫星回波完成非理想通道特性的标校。

2.4.2.1　多周期回波相干累积方法

由于标准卫星的 RCS 较小且与雷达系统的距离较远，标准卫星回波的信噪比较低，因此需要进行多周期回波的相干累积，以改善回波信噪比（signal to noise ratio，SNR）。多周期回波的相干累积可提高估计的通道传递函数的准确度。另外，标准卫星不是静止目标，需要补偿高速运动的影响。本课题组在之前的研究中已提出有效的双基地 ISAR 的高速运动目标脉内速度补偿方法，可用于补偿标准卫星的高速运动，以确保回波信号满足相干累积的"停 – 走"假设模型[90,149]。采用所提出的方法，可补偿基带

回波的补偿脉内多普勒效应。考虑到非理想的通道特性，依据式（2-28），可将第 i 个回波信号写为

$$s_{i\_\mathrm{ball}}(\hat{t}, t_m) = \sigma \cdot s_{tb}(\hat{t} - \tau_i, t_m) \exp(-\mathrm{j}2\pi f_c \tau_i) \otimes h_{\mathrm{TR}}(\hat{t}) \qquad (2-31)$$

式中，σ——标准卫星的散射系数；

τ_i——第 i 个回波信号对应的时延。

将式（2-31）中的信号通过理想匹配滤波器，可得脉冲压缩后的信号为

$$s_{i\_\mathrm{compression}}(\hat{t}, t_m) = A\mathrm{sinc}(\hat{t} - \tau_i)\exp(-\mathrm{j}2\pi f_c \tau_i) \otimes h_{\mathrm{TR}}(\hat{t}) \qquad (2-32)$$

式中，A——脉压信号幅度。

为了在时域中实现标准卫星回波的相干累积，每个周期中基带回波信号的初始相位和零频位置应该相同。初始相位和零频位置可以通过脉冲压缩获得。将式（2-31）与式（2-32）进行比较，零频位置等于脉冲压缩结果的峰值位置 P_i，并且初始相位等于相应的相位 φ_i。

依据第 i 个周期的初始相位 φ_i 与第一个周期的初始相位 φ_1 的差值 $\Delta\varphi_i = \varphi_i - \varphi_1$，构造相位补偿因子，对回波信号 $s_{i\_\mathrm{ball}}(\hat{t}, t_m)$ 进行相位补偿，可使每次回波相位一致；依据每个周期的峰值位置 P_i 与第一个周期峰值位置 P_1 的差值 $\Delta P_i = P_i - P_1$，对回波进行循环移位，使各次回波零频中心位置对应一致。

通过以上处理，将采集的若干组回波时域累加，即可实现回波的相参积累，相参积累实现过程及不同阶段的波形累加结果如图 2-6 所示。由图可知，完成相位补偿和循环移位后，可以实现信号的相干积累，从而提高信噪比。

2.4.2.2　标校系数构建

依据式（2-29）和式（2-31），可将标准卫星回波相参积累后的信号频域表示为

$$S_{\mathrm{Acc}}(f) = N \cdot \sigma \cdot S_{tb}(f) \cdot \exp(-\mathrm{j}2\pi(f + f_c)\tau_{\mathrm{Acc}}) \cdot H_{\mathrm{TR}}(f) \qquad (2-33)$$

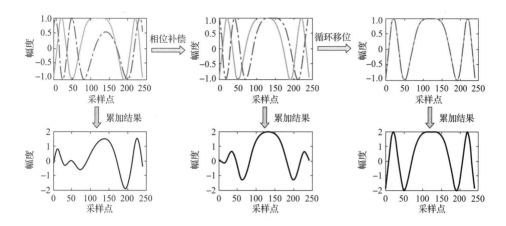

图 2-6　相参积累实现过程及不同阶段的波形累加结果

式中，τ_{Acc}——时间延迟，等于第一周期回波信号的时延；

N——相干周期间隔的周期数。

由此，雷达收发通道特性可表示为

$$H_{\mathrm{TR}}(f) = \frac{1}{N\sigma} \cdot \frac{S_{\mathrm{Acc}}(f)}{S_{tb}(f)} \cdot \exp(\mathrm{j}2\pi(f+f_{\mathrm{c}})\tau_{\mathrm{Acc}}) \qquad (2-34)$$

在计算标校系数的过程中，$\exp(\mathrm{j}2\pi(f+f_{\mathrm{c}})\tau_{\mathrm{Acc}})$ 反映脉冲压缩结果的峰值位置，并且每个周期的影响是相同的，因此可以忽略该项；N、σ 均是常数，因此也可忽略。

基于此，通过式（2-34）的倒数，可以获得通道标校系数，即

$$C_{\mathrm{bj}} = S_{tb}(f)/S_{\mathrm{Acc}}(f) \qquad (2-35)$$

将式（2-30）与式（2-35）相乘，就可以实现非理想通道特性的补偿，使得脉冲压缩结果消除由雷达的通道非理想因素所带来的不利影响。

2.4.2.3　通道标校流程

为了清楚说明所提空间目标双基地 ISAR 成像系统的通道标校方法，图 2-7 给出了通道标校的具体流程。

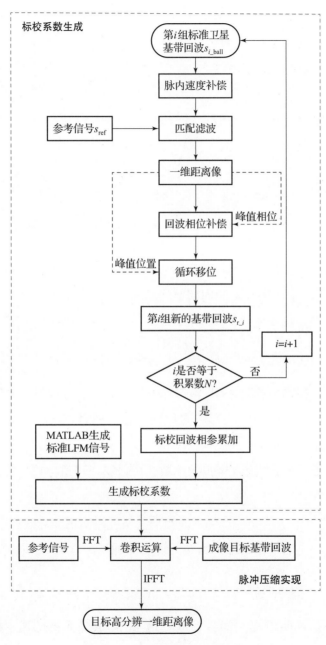

图 2-7　所提通道标校方法流程

具体步骤如下：

第 1 步，获得标准卫星的第 i 个基带回波，并补偿脉内多普勒效应，以消除高速运动的影响。

第 2 步，通过理想脉冲压缩，获得峰值位置 P_i 和相应的相位 φ_i。

第 3 步，基带回波数据 s_{i_ball} 乘以 $\exp(j\Delta\varphi_i)$，进行相位补偿，根据与第一周期相比的峰值位置差异 $\Delta P_i = P_i - P_1$，进行循环移位以对齐回波数据中心，获得调整后的回波 s_{r_i}。

第 4 步，重复第 1 步～第 3 步，直到得到调整后的第 N 个周期基带回波信号。

第 5 步，在时域中相干累加调整后的基带信号，获得累积信号。

第 6 步，生成具有相同参数（带宽、时宽、时长和采样率）的 LFM 基带信号。

第 7 步，依据式（2 - 35），计算通道标校系数。

第 8 步，在脉冲压缩之前，将回波频谱与标校系数相乘，以实现通道标校。

2.4.3　通道标校性能仿真实验验证

本节基于实测标准卫星回波来获取雷达系统的通道特性，通过获取的实测通道特性和模拟目标回波验证所提双基地 ISAR 成像系统通道标校方法的性能。

2.4.3.1　通道特性估计

双基地 ISAR 系统的参数如表 2 - 1 所示。

选择 RIGIDSPHERE2 作为标准卫星。其 TLE 数据取自美国的空间监视网（space surveillance network，SSN），如表 2 - 2 所示，初始轨道根数历元时刻是 2018 年 8 月 10 日 20:24:39.85。

表 2 −1 双基地 ISAR 系统的参数

参数	数值	参数	数值
载频/GHz	10	采样率/GHz	1.8
信号带宽/GHz	1.2	重复频率/Hz	100
脉冲宽度/μs	10	累积周期/个	1 000

表 2 −2 RIGIDSPHERE 2 标准卫星的 TLE 数据（2018 年 8 月 10 日）

1　05398U 71067E　18222. 85046121　+. 00000123　+00000 −0　+37305 −4　0　9996	
2　05398　087. 6191　050. 7604　0062825　345. 3222　014. 6148　14. 33716076462694	

在可见时段内单个周期的实测标准卫星回波信号的波形和频谱如图 2 −8 所示。由于 RIGIDSPHERE 2 的 RCS 仅为 0. 947 m², 发射和接收距离约为 1 800 km, 因此回波信噪比低, 信号被淹没在噪声中。

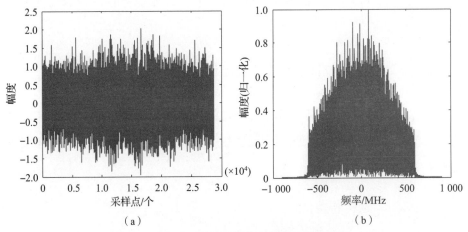

图 2 −8　标准卫星单次回波的时域及频域信号

（a）信号实部；（b）信号频谱

相干累积 1 000 个周期的标准卫星回波, 以改善回波 SNR。图 2 −9 所示为回波进行脉内速度补偿并进行相参积累, 积累 1 000 组脉冲得到的信号时域及其频谱。图 2 −9 (a) 中, 时域信号幅度明显高于噪声, SNR 提高到约 12 dB。图 2-9（b）中，频谱特性也明显改善。通过在时域中相干累加提高信噪比，可以获得更准确的通道特性数据；并且，由于非理想通道特性的调制，回波的波形和频谱已不是理想的 LFM 信号。

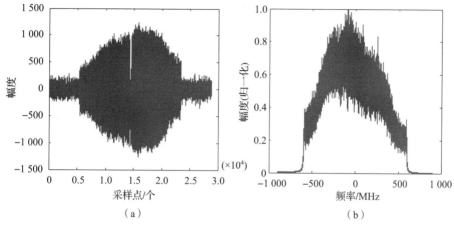

图 2-9　标准卫星积累 1000 次回波的信号时域及其频谱

（a）信号实部；（b）信号频谱

基于发射 LFM 信号频谱和相干累积回波频谱，获得非理想通道特性的幅频特性和相频特性，如图 2-10 所示。显然，通道的幅频特性和相频特性均不理想，归一化的幅频特性在整个带宽内并不平坦一致，相频特性有随机抖动和不一致的线性相位。回波信号会受到通道的幅度和相位的调制。获得通道的幅频特性和相频特性后，可基于此构造标校系数，进行通道标校。

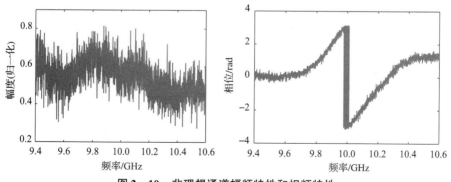

图 2-10　非理想通道幅频特性和相频特性

（a）非理想通道幅频特性；（b）非理想通道相频特性

2.4.3.2 验证通道标校方法性能

1. 基于散射点模型仿真实验验证

仿真验证时设置如下场景：发射站设置在北京市（东经 116°24′17″，北纬 39°54′27″，海拔 0 m）；接收站设置在南京市（东经 118°46′43″，北纬 32°02′38″，海拔 0 m）；仿真验证轨道选择国际空间站的轨道。国际空间站的轨道信息由其 TLE 确定，该根数数据取自美国的空间监视网（SSN），如表 2-3 所示，初始历元时刻为 2018 年 8 月 10 日 01 时 14 分 15 秒。

表 2-3　国际空间站的 TLE 数据（2018 年 8 月 10 日）

1	25544U	98067A	18222.05156756	.00001108	00000-0	24256-4	0	9993
2	25544	51.6416	110.2592	0005763	44.5593	95.2967	15.53817336126892

对于国际空间站，双基地 ISAR 系统的可见时间窗是 2018 年 9 月 12 日 14:28:15—14:37:09。我们从可见时间窗选择成像平面稳定的特定相干处理时间段（coherent period interval，CPI）作为成像弧段。

仿真中双基地 ISAR 系统参数设置见表 2-1，其他成像仿真关键参数及具体算法设置如表 2-4 所示。

表 2-4　成像仿真关键参数及算法设置

参数	数值/名称	参数	数值/名称
距离分辨率/m	0.187	方位分辨率/m	0.323
脉冲积累个数	400	包络对齐方法	累积互相关法
相位自聚焦方法	相位梯度自聚焦	成像算法	RD 算法

图 2-11 给出了仿真用的目标三维散射点模型以及散射点模型在成像平面上的投影，散射点的反射系数均为 1。基于 2.3 节的方法，首先模拟包含目标散射特性的回波，产生目标理想 LFM 信号回波；然后，通过将目

标的理想 LFM 回波信号的频谱与实测卫星回波数据估计的通道传递函数相乘，模拟产生非理想通道条件下的回波。

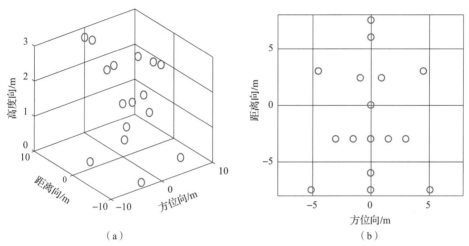

（a）

（b）

图 2 – 11　散射点模型

（a）三维模型；（b）成像平面上的投影

　　基于目标轨道先验信息，通过发射站、接收站及目标的位置信息和成像几何关系，获得双基地角和等效累积转角。所选弧段的双基地角和等效累积转角随周期的变化曲线如图 2 – 12 所示。双基地角变化 3.89°，等效累积转角变化 3.72°。

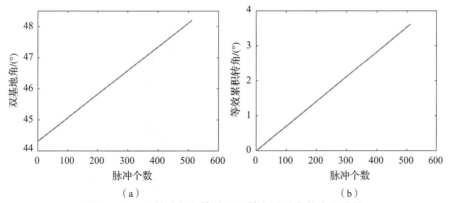

（a）

（b）

图 2 – 12　双基地角和等效累积转角随周期的变化曲线

（a）双基地角；（b）等效累积转角

　　通道非理想情况下，对散射点模型回波采用 RD 算法成像。未标校的散射点 ISAR 二维图像如图 2 – 13（a）所示。采用单次标准卫星回波和累积 1 000 次标准卫星回波分别构造标校系数，完成通道标校后得到的 ISAR 二维图像如图 2 – 13（b）（c）所示。图 2 – 13（d）所示为回波中不添加通道非理想特性（即理想回波），采用 RD 算法得到的 ISAR 图像，作为参考图像。

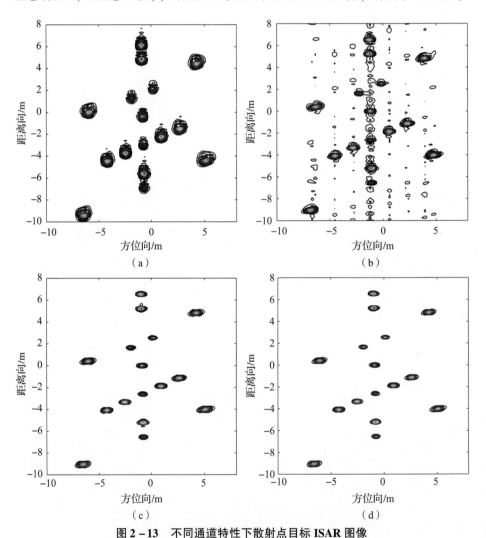

图 2 – 13　不同通道特性下散射点目标 ISAR 图像

（a）未标校；（b）使用单次标准卫星回波进行通道标校；

（c）累积 1 000 次标准卫星回波进行通道标校；（d）理想通道

与图 2 - 13 (d) 比较，可以看出：图 2 - 13 (a) 由于未进行通道标校，散射点图像沿距离向出现波瓣分裂、位置偏移，并导致图像散焦，整体图像质量不佳；图 2 - 13 (b) 采用单次标准卫星回波，由于其信噪比低，单次回波构造的标校系数不能充分反映雷达的通道特性，因此即使进行了通道的标校，也不能有效提高成像质量，反而受噪声的影响，图像质量出现恶化现象。图 2 - 13 (c) 对标准卫星 1 000 个相邻周期回波进行了相参积累，用其构造的标校系数对散射点模型回波进行标校，成像质量明显提高；与图 2 - 13 (d) 对比可知，标校后的图像与未添加通道非理想特性回波得到的 ISAR 二维图像基本一致，这表明所提通道标校方法有效消除了通道非理想特性的影响。

为定量分析所提通道标校方法的性能，表 2 - 5 给出了图 2 - 13 中 4 幅图像的对比度，可以看出，采用所提算法标校后的 ISAR 图像对比度明显优于未标校和单次标准卫星回波标校的情况，并与理想通道的 ISAR 图像对比度接近，从而进一步证明了所提标校方法的性能。

表 2 - 5　图像对比度比较

图序	图 2 - 13 (a)	图 2 - 13 (b)	图 2 - 13 (c)	图 2 - 13 (d)
图像对比度	18.9	15.4	22.7	23.1

2. 基于电磁散射模型仿真实验验证

物理光学法可计算目标的雷达散射截面积（RCS）数据，获得目标上散射点的散射特性。图 2 - 14 所示为某典型空间目标的计算机辅助设计（computer aided design，CAD）模型。基于此模型，采用 PO 方法计算目标的 RCS 数据。采用与散射点模型仿真实验一致的仿真场景和参数。

图 2 - 15 所示为某典型卫星的电磁散射模型 ISAR 成像结果对比。图 2 - 15 (a) 是通过未标校的通道，基于 RD 算法得到的图像。卫星的主体部分和太阳能帆板均出现严重模糊，图像质量较差。图 2 - 15 (b) 采用所提方法进行通道标校，基于 RD 算法获得 ISAR 图像，该图像更清晰，

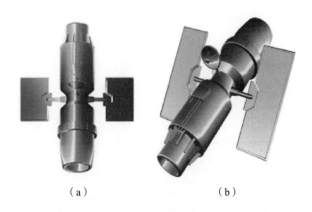

（a）　　　　　　　　　　　　（b）

图 2 – 14　典型卫星 CAD 模型　（20. 45 m × 15. 17 m × 10. 37 m）

（a）俯视图；（b）侧视图

聚焦程度得到有效改善，图像质量得到有效提升。前后两幅图像的对比度分别为 5. 876 和 6. 384。从对比度角度，图像质量也得到有效提升。

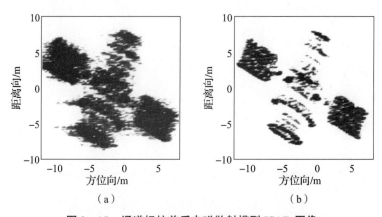

（a）　　　　　　　　　　　　（b）

图 2 – 15　通道标校前后电磁散射模型 ISAR 图像

（a）未进行通道标校；（b）累积 1 000 次标准卫星回波进行通道标校

　　我们注意到，图 2 – 13 和图 2 – 15 中，在双基地 ISAR 系统中通过 RD 算法获得的 ISAR 二维图像无法等效为目标在成像平面投影的某个角度的旋转，图像产生了畸变，发生了歪斜，无法真实反映目标的二维特征，不利于后续的目标识别。同时，即使在理想通道条件下，图像在方位向也存在散焦，需要进一步消除散焦，以提高成像质量。后续章节将结合双基地

ISAR 成像的机制和特点，进一步分析这些现象产生的原因，研究相应的解决方法。

▓ 2.5　本章小结

本章首先阐述了双基地 ISAR 成像的基本原理，分析了单双基地 ISAR 成像分辨率的联系和区别。其次，针对三轴稳定对地定向空间目标，考虑目标轨道运动、姿态自旋运动以及地球自转因素的影响，结合空间目标和雷达的先验信息，通过坐标系转换得到了对于此类目标的雷达观测矢量；在此基础上，结合目标电磁散射特性分布和雷达发射波形，通过叠加目标距离对应的时延信息构建准确反映目标和雷达相对运动的回波。最后，分析了非理想通道特性对实际回波的影响，并提出基于标准卫星回波的双基地 ISAR 通道标校预处理方法；该方法通过相干累积多周期卫星回波提高回波信噪比，以更准确地估计通道的幅频特性和相频特性，构造标校系数；仿真实验表明，本章所提通道标校方法可以有效校正非理想通道特性，有利于后续获得高质量的双基地 ISAR 图像。

第3章

双基地角时变下基于先验信息的 ISAR 成像

3.1 引　言

现有 ISAR 成像算法中，基于精确相位补偿的后向投影（back projection，BP）成像算法[150]、基于数据插值的极坐标格式（polar format algorithm，PFA）[151] 成像算法均要求高精度的相参回波，对目标位置和同步时钟信息敏感，这限制了其在双基地 ISAR 成像中的应用。RD 成像算法是 ISAR 成像的经典算法，由于其物理意义明确、对收发同步精度的要求低，被广泛应用于双基地 ISAR 成像仿真及实测数据处理。双基地 ISAR 成像系统中，收发雷达站异地配置引入了双基地角。双基地角是成像期间发射站雷达视线方向与接收站雷达视线方向所形成的夹角，在实际成像过程中，双基地角是随时间变化的。此时若采用 RD 算法成像，双基地 ISAR 获得的二维图像会出现歪斜（线性畸变）和方位向散焦（二次项畸变），影响图像的聚焦度和后续目标识别。针对此问题，Cataldo 等[126]提出将缩短 CPI 时间和超分辨方法结合，以降低畸变的影响并保持方位分辨率。此方法需要精确计算 CPI 压缩因子，以保证畸变的影响在可接受的范围，需要在方位分辨率和减缓畸变两者间进行平衡。如果不缩短 CPI 时间也可以完成畸变消除，则相同条件下可获得更高的分辨率。马长征和孙思博分别提出通过干涉 ISAR[152] 和关联特显点[84] 的方法，可消除图像的线性畸变。然而，基于干涉 ISAR 的方法需要至少三个接收雷达站，基于关联特显点的方法需要发射雷达站工作在双工模式，且至少两个接收雷达站，以进行图像关联。这两种方法对系统实现复杂度均提出了更高要求。针对空间目标，本课题组利用双基地角信息估计图像畸变角，依据图像平均畸变角度[86]，通过对距离单元内像素进行移位操作来实现图像的畸变校正[94,153]。该方法进行像素多普勒移位操作时，需要进行取整操作，会产生量化误差，造成散射点波瓣分裂，且平均畸变角精度对误差敏感。图像畸变角需精确获得双基地角信息，双基地角的误差及相应一阶导数误差会影响图像畸变角的精度和畸变校正的效果。针对空间目标，需进一步分析双基地角时变对 ISAR 成像的影响，充分利用先验信息，研究更为高效、鲁棒的成像方法。

针对双基地角时变引起的空间目标 ISAR 图像畸变和散焦问题，本章提出一种基于目标轨道和雷达位置先验信息的双基地 ISAR 空间目标成像算法。具体安排如下：3.2 节研究双基地 ISAR 成像平面确定方法，以及相应的成像弧段选择方法；3.3 节建立双基地角时变下双基地 ISAR 的回波信号模型，分析双基地角时变对双基地 ISAR 成像的影响机理，给出双基地 ISAR 图像畸变和散焦的内在成因；3.4 节基于目标轨道信息和成像几何关系，估计双基地角时变系数，通过距离空变线性相位补偿来完成图像线性畸变校正，通过虚拟慢时间映射来构建非均匀虚拟采样的补偿系数矩阵进行方位向压缩，获得目标的 ISAR 图像，消除图像散焦；3.5 节给出基于先验信息的双基地 ISAR 成像流程；3.6 节通过仿真实验，验证所提算法的性能；3.7 节进行小结。

▉ 3.2　双基地 ISAR 成像平面分析及成像弧段选择

基于距离多普勒原理的 ISAR 成像，雷达通过大带宽信号进行距离向高分辨，通过提取方位向多普勒信息进行方位向分辨。距离向（距离梯度方向）和多普勒向（多普勒梯度方向）决定成像平面。三轴稳定对地定向空间目标既有轨道的平稳运动，又有对地定向姿态调整旋转运动。本节首先研究针对此类目标的双基地 ISAR 成像平面确定方法，然后结合先验信息和雷达观测矢量进行成像平面分析，给出成像弧段选取方法和对应回波表示。

3.2.1　双基地 ISAR 成像平面确定

图 3 – 1 给出了双基地 ISAR 成像的几何以及对应的距离多普勒成像平面。直角坐标系 xyz 的原点为目标质心 O；x 轴指向发射雷达站；y 轴在发射站、接收雷达站和目标构成的平面内，并垂直于 x 轴；z 轴垂直于 xOy 平面，方向符合右手法则。发射雷达站和接收雷达站视线方向的单位矢量分别为 $\hat{R}_T$ 和 $\hat{R}_R$。目标绕原点 O 转动，旋转矢量为 ω_Σ，目标相对于发射雷达站和接收雷达站的有效旋转矢量分别为 ω_T、ω_R，为其在发射雷达站视线和接收雷达站视线正交平面上的投影。

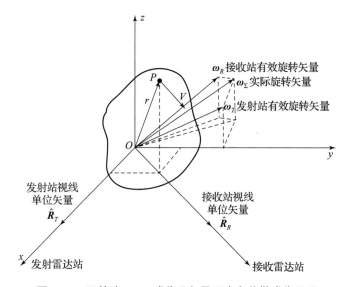

图 3 – 1　双基地 ISAR 成像几何及距离多普勒成像平面

散射点 P 在坐标系 xyz 中的位置矢量为 r，由目标转动引起的散射点速度矢量 V 可表示为

$$V = \boldsymbol{\omega}_\Sigma \times r \qquad (3-1)$$

双基地 ISAR 系统中，目标相对于发射雷达站引入的多普勒与相对于接收雷达站引入的多普勒之和为目标总的多普勒，可表示为

$$f_\mathrm{d} = -\frac{f_\mathrm{c}}{c}(V \cdot \hat{\boldsymbol{R}}_T + V \cdot \hat{\boldsymbol{R}}_R) \qquad (3-2)$$

将式（3-1）代入式（3-2），可得

$$\begin{aligned}
f_\mathrm{d} &= \frac{f_\mathrm{c}}{c}((r \times \boldsymbol{\omega}_\Sigma) \cdot \hat{\boldsymbol{R}}_T + (r \times \boldsymbol{\omega}_\Sigma) \cdot \hat{\boldsymbol{R}}_R) \\
&= -\frac{f_\mathrm{c}}{c} r \cdot (\hat{\boldsymbol{R}}_T \times \boldsymbol{\omega}_\Sigma + \hat{\boldsymbol{R}}_R \times \boldsymbol{\omega}_\Sigma)
\end{aligned} \qquad (3-3)$$

根据 $\boldsymbol{\omega}_T$ 和 $\boldsymbol{\omega}_R$ 定义，可得

$$\begin{cases} \hat{\boldsymbol{R}}_T \times \boldsymbol{\omega}_\Sigma = \hat{\boldsymbol{R}}_T \times \boldsymbol{\omega}_T \\ \hat{\boldsymbol{R}}_R \times \boldsymbol{\omega}_\Sigma = \hat{\boldsymbol{R}}_R \times \boldsymbol{\omega}_R \end{cases} \qquad (3-4)$$

将式（3-4）代入式（3-3），可得

$$f_\mathrm{d} = -\frac{f_\mathrm{c}}{c} r \cdot (\hat{\boldsymbol{R}}_T \times \boldsymbol{\omega}_T + \hat{\boldsymbol{R}}_R \times \boldsymbol{\omega}_R) \qquad (3-5)$$

由此，双基地 ISAR 成像中，散射点多普勒为其位置矢量 r 在 $(\hat{\boldsymbol{R}}_T \times \boldsymbol{\omega}_T + \hat{\boldsymbol{R}}_R \times \boldsymbol{\omega}_R)$ 方向上的投影。由此可得，双基地 ISAR 图像的方位向（方位矢量方向）为矢量 $(\hat{\boldsymbol{R}}_T \times \boldsymbol{\omega}_T + \hat{\boldsymbol{R}}_R \times \boldsymbol{\omega}_R)$ 的方向。双基地 ISAR 系统的等距离面是以发射雷达站和接收雷达站为焦点的椭圆，角平分线方向 $(\hat{\boldsymbol{R}}_T + \hat{\boldsymbol{R}}_R)$ 为其等距离面梯度方向。

基于此分析，可得双基地 ISAR 的距离向矢量为

$$\boldsymbol{\varTheta}_\mathrm{rot} = \hat{\boldsymbol{R}}_T + \hat{\boldsymbol{R}}_R \qquad (3-6)$$

方位向矢量为

$$\boldsymbol{\varXi}_\mathrm{rot} = -(\hat{\boldsymbol{R}}_T \times \boldsymbol{\omega}_T + \hat{\boldsymbol{R}}_R \times \boldsymbol{\omega}_R) \qquad (3-7)$$

通过 $\boldsymbol{\Theta}_{\text{rot}}$ 和 $\boldsymbol{\Xi}_{\text{rot}}$，就可以确定双基地 ISAR 距离多普勒成像平面。目标仅绕原点 O 转动，此模型为转台模型，在此模型下，由于 $\boldsymbol{\Xi}_{\text{rot}} = -(\hat{\boldsymbol{R}}_T \times \boldsymbol{\omega}_T + \hat{\boldsymbol{R}}_R \times \boldsymbol{\omega}_R) = (\hat{\boldsymbol{R}}_T + \hat{\boldsymbol{R}}_R) \times \boldsymbol{\omega}_\Sigma$，因此该模型下对应的方位向和距离向正交。

对于三轴稳定对地定向空间目标，目标相对于雷达平稳运动和目标姿态稳定运动均会引入散射点的等效转动。对于双基地 ISAR 系统，目标平动速度在发射雷达站视线对应的切向上速度分量为 $\boldsymbol{v}_T$，目标质心与发射雷达站的距离为 R_T，其相应的转动矢量为

$$\boldsymbol{\omega}_{vT} = \frac{\boldsymbol{v}_T \times \hat{\boldsymbol{R}}_T}{R_T} \tag{3-8}$$

目标平动速度在接收雷达站视线对应的切向上速度分量为 $\boldsymbol{v}_R$，目标质心与接收雷达站的距离为 R_R，其相应的转动矢量为

$$\boldsymbol{\omega}_{vR} = \frac{\boldsymbol{v}_R \times \hat{\boldsymbol{R}}_R}{R_R} \tag{3-9}$$

目标姿态调整对应的旋转矢量为 $\boldsymbol{\omega}_s$，其在发射雷达站和接收雷达站视线正交平面上的投影分别为 $\boldsymbol{\omega}_{sT}$、$\boldsymbol{\omega}_{sR}$。联合考虑目标平动和姿态调整导致的转动，其相对于发射雷达站的等效旋转矢量可表示为

$$\boldsymbol{\omega}_T = \boldsymbol{\omega}_{vT} + \boldsymbol{\omega}_{sT}$$
$$= \frac{\boldsymbol{v}_T \times \hat{\boldsymbol{R}}_T}{R_T} + \boldsymbol{\omega}_{sT} \tag{3-10}$$

相对于接收雷达站的等效旋转矢量为

$$\boldsymbol{\omega}_R = \boldsymbol{\omega}_{vR} + \boldsymbol{\omega}_{sR}$$
$$= \frac{\boldsymbol{v}_R \times \hat{\boldsymbol{R}}_R}{R_R} + \boldsymbol{\omega}_{sR} \tag{3-11}$$

将式（3-10）和式（3-11）代入方位向矢量表达式，即式（3-7），利用公式 $\boldsymbol{a} \times \boldsymbol{b} \times \boldsymbol{c} = (\boldsymbol{a} \cdot \boldsymbol{c})\boldsymbol{b} - (\boldsymbol{b} \cdot \boldsymbol{c})\boldsymbol{a}$ 进行简化，可得三轴稳定对地定向空间目标的方位向：

$$\varXi_{\mathrm{Bi}} = -\left[\hat{\boldsymbol{R}}_T \times \left(\frac{\boldsymbol{v}_T \times \hat{\boldsymbol{R}}_T}{R_T} + \boldsymbol{\omega}_{sT} \right) + \hat{\boldsymbol{R}}_R \times \left(\frac{\boldsymbol{v}_R \times \hat{\boldsymbol{R}}_R}{R_R} + \boldsymbol{\omega}_{sR} \right) \right]$$

$$= -\left[(\hat{\boldsymbol{R}}_T \times \boldsymbol{\omega}_{sT} + \hat{\boldsymbol{R}}_R \times \boldsymbol{\omega}_{sR}) + \left(\frac{\boldsymbol{v}_T}{R_T} + \frac{\boldsymbol{v}_R}{R_R} \right) \right]$$

$$= -\left[(\hat{\boldsymbol{R}}_T + \hat{\boldsymbol{R}}_R) \times \boldsymbol{\omega}_{s} + \left(\frac{\boldsymbol{v}_T}{R_T} + \frac{\boldsymbol{v}_R}{R_R} \right) \right] \qquad (3-12)$$

式中，$(\hat{\boldsymbol{R}}_T + \hat{\boldsymbol{R}}_R) \times \boldsymbol{\omega}_{s}$——目标姿态调整运动引起的方位向矢量变化；

$\boldsymbol{v}_T/R_T + \boldsymbol{v}_R/R_R$——目标平稳运动引起的方位向矢量变化。

在此目标条件下，距离向矢量由下式决定：

$$\boldsymbol{\varTheta}_{\mathrm{Bi}} = \hat{\boldsymbol{R}}_T + \hat{\boldsymbol{R}}_R \qquad (3-13)$$

联合分析式（3-12）和式（3-13），三轴稳定对地定向空间目标在沿轨道平稳运动时，双基地 ISAR 系统进行成像，不能保证得到 ISAR 图像的距离轴（距离向矢量方向）$\boldsymbol{\varTheta}_{\mathrm{Bi}}$ 垂直于多普勒轴（方位向矢量方向）$\varXi_{\mathrm{Bi}}$。这将导致获得距离多普勒 ISAR 图像发生线性畸变（后续将从信号相位角度进一步分析）。这是由双基地收发异地配置导致的。仅在以下两种特殊条件下，双基地 ISAR 图像的距离轴和多普勒轴正交。

（1）雷达视线变化（目标平动）引起的相对于发射雷达站和接收雷达站的转动矢量大小相等、方向相反。此时，$\boldsymbol{v}_T/R_T + \boldsymbol{v}_R/R_R = \boldsymbol{0}$。

（2）雷达视线变化（目标平动）引起的转动矢量垂直于双基地 ISAR 的距离向矢量。此时，$\boldsymbol{v}_T \cdot \hat{\boldsymbol{R}}_R/R_T + \boldsymbol{v}_R \cdot \hat{\boldsymbol{R}}_T/R_R = \boldsymbol{0}$。

在观测成像区间的任意时刻，空间目标相对于发射雷达站和接收雷达站的距离矢量、速度矢量以及姿态调整运动等信息，都可以通过轨道模型和对应的轨道根数计算得到。在双基地 ISAR 成像中，利用先验信息以及式（3-12）和式（3-13），可确定目标对应的瞬时距离向矢量、多普勒向矢量以及对应的成像平面。

3.2.2　基于先验信息的成像弧段选取

双基地 ISAR 空间目标成像过程中，成像平面可能是变化的。ISAR 二维图像是目标散射特性分布在成像平面的投影，成像平面的变化会导致图像散焦，进而影响成像质量，若成像平面剧烈变化，就会导致无法有效成像。对于基于二体运动模型建模的空间目标，在空间目标观测成像区间内，基于轨道先验信息、目标位置和成像几何，依据 2.3.2 节分析，可以获得任意在慢时间，在地心地固坐标系下目标上散射点相对于发射雷达站和接收雷达站视线的距离向矢量和相应距离。同时，还可以获得目标相对于发射雷达站和接收雷达站视线的切向速度矢量，以及对应的姿态调整旋转矢量和旋转速度。在实际的空间目标测量中，空间目标的精密轨道信息（距离测量误差精度可达 1～10 m 量级）误差精度虽然无法达到平动补偿和成像要求，但其误差值相对于目标和雷达的距离（一般为几百千米至几千千米）非常小，基于距离信息和成像几何所获得的雷达角度信息具有很高的精度。因此，可基于轨道先验信息、收发雷达位置及成像几何信息，分析成像平面的变化以及对目标回波的影响，并在此基础上给出成像弧段选择方法。

图 3-2 给出了同时考虑三轴稳定对地定向空间目标的平动和姿态调整运动成像模型。图中，点 T、R 分别表示发射雷达站、接收雷达站，L 表示系统基线。起始成像时刻为慢时间 t_1，O_1、O_m 为目标质心分别在成像慢时间 t_1、t_m 时的位置。成像慢时间 t_1、t_m 对应的双基地角分别为 β_1、β_m，目标平稳运动对应的瞬时本体坐标系分别为 $x_1y_1z_1$、$x_my_mz_m$。分别以慢时间 t_1、t_m 的双基地角 β_1、β_m 的角平分线作为 y_1 轴和 y_m 轴，与雷达基线的交汇点分别为 Q_1 和 Q_m，x_1 轴和 x_m 轴分别垂直于 y_1 轴和 y_m 轴，并构成成像平面 $x_1O_1y_1$ 和 $x_mO_my_m$。z_1 轴和 z_m 轴是成像平面的旋转轴。$u_mv_mw_m$ 为考虑对地定向转动，进行目标姿态调整后对应的坐标系。

由空间几何原理可知，通过绕坐标系三个轴的欧拉旋转和原点平移，可以获得任意两个坐标系的转换关系。由于质心的位置不影响空间本体坐标系各坐标轴指向，因此只需分析三个坐标轴对应的欧拉角所对应的旋转。其中，偏航角 ξ_{zm} 为绕 z 轴的偏航旋转对应的角度，俯仰角 ξ_{ym} 为绕 y

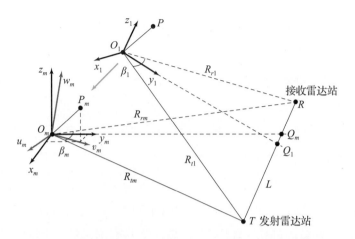

图 3 - 2 双基地 ISAR 三轴稳定对地定向空间目标成像模型

轴的俯仰旋转对应的角度，滚动角 ξ_{xm} 为绕 x 轴的滚动旋转对应的角度。在慢时间 t_1 对应的坐标系 $x_1y_1z_1$ 中，散射点 P 的坐标为 $[x_P, y_P, z_P]^{\mathrm{T}}$，若可得到慢时间 t_m 对应的最终坐标系 $u_mv_mw_m$ 与坐标系 $x_1y_1z_1$ 的变换关系，就可获得对应的散射点 P_m 在新坐标系中的坐标。两个坐标系之间的变换是目标沿轨道平稳运动和对地定向姿态调整转动引起的，考虑这两者的影响，坐标系 $x_1y_1z_1$、坐标系 $x_my_mz_m$ 与坐标系 $u_mv_mw_m$ 之间的旋转满足下式[88]：

$$\begin{bmatrix} \hat{\boldsymbol{u}}_m \\ \hat{\boldsymbol{v}}_m \\ \hat{\boldsymbol{w}}_m \end{bmatrix} = \boldsymbol{R}_{xyz\_m} \begin{bmatrix} \hat{\boldsymbol{x}}_1 \\ \hat{\boldsymbol{y}}_1 \\ \hat{\boldsymbol{z}}_1 \end{bmatrix} = \begin{bmatrix} \hat{\boldsymbol{x}}_m \\ \hat{\boldsymbol{y}}_m \\ \hat{\boldsymbol{z}}_m \end{bmatrix} \boldsymbol{R}_A(\boldsymbol{\eta}_m) \qquad (3-14)$$

式中，$\boldsymbol{R}_{xyz\_m}$——起始坐标系 $x_1y_1z_1$ 到最终坐标系 $u_mv_mw_m$ 之间的旋转变换矩阵，对应目标复合运动引入的坐标旋转；

$\boldsymbol{R}_A(\boldsymbol{\eta}_m)$——坐标系 $x_my_mz_m$ 到最终坐标系 $u_mv_mw_m$ 之间的旋转变换矩阵，对应目标对地定向姿态调整运动引入的反向坐标旋转。

根据目标轨道先验信息，目标姿态调整旋转对应为目标旋转绕某旋转轴矢量 $\boldsymbol{A}(A_x, A_y, A_z)$ 旋转 η_m 角度，则此旋转可等效为坐标系 $x_my_mz_m$ 绕相同的旋转轴矢量 $\boldsymbol{A}$ 反向旋转 η_m 角度，形成最终坐标系 $u_mv_mw_m$，且 $\boldsymbol{R}_A(\boldsymbol{\eta}_m)$ 满足如下关系[88]：

$$
\boldsymbol{R}_A(\eta_m) = \begin{bmatrix} A_x^2(1-\mathrm{C}_{\eta_m})+\mathrm{C}_{\eta_m} & A_xA_y(1-\mathrm{C}_{\eta_m})+A_z\mathrm{S}_{\eta_m} & A_xA_z(1-\mathrm{C}_{\eta_m})-A_y\mathrm{S}_{\eta_m} \\ A_xA_y(1-\mathrm{C}_{\eta_m})-A_z\mathrm{S}_{\eta_m} & A_y^2(1-\mathrm{C}_{\eta_m})+\mathrm{C}_{\eta_m} & A_yA_z(1-\mathrm{C}_{\eta_m})+A_x\mathrm{S}_{\eta_m} \\ A_xA_z(1-\mathrm{C}_{\eta_m})+A_y\mathrm{S}_{\eta_m} & A_yA_z(1-\mathrm{C}_{\eta_m})-A_x\mathrm{S}_{\eta_m} & A_z^2(1-\mathrm{C}_{\eta_m})+\mathrm{C}_{\eta_m} \end{bmatrix}
$$

$$(3-15)$$

式中，$\mathrm{C}_{\eta_m}, \mathrm{S}_{\eta_m}$——角度 η_m 对应的余弦值和正弦值。

根据式（3-15）可得复合运动对应的旋转变换矩阵为

$$
\boldsymbol{R}_{xyz\_m} = \begin{bmatrix} \hat{\boldsymbol{x}}_m \\ \hat{\boldsymbol{y}}_m \\ \hat{\boldsymbol{z}}_m \end{bmatrix} \boldsymbol{R}_A(\eta_m) \begin{bmatrix} \hat{\boldsymbol{x}}_1 \\ \hat{\boldsymbol{y}}_1 \\ \hat{\boldsymbol{z}}_1 \end{bmatrix}^{-1}
\tag{3-16}
$$

依据目标轨道先验信息和图 3-2 所示的成像几何关系，可以获得目标相对于发射雷达站和接收雷达站的视线方向矢量、角平分方向矢量、成像平面以及对应的法线矢量，得到坐标系 $x_1y_1z_1$ 和坐标系 $x_my_mz_m$ 对应的三个坐标轴矢量。

假定 $\boldsymbol{R}_x(\xi_{xm})$、$\boldsymbol{R}_y(\xi_{ym})$ 和 $\boldsymbol{R}_z(\xi_{zm})$ 分别为慢时间 t_m 对应的坐标系 $u_mv_mw_m$ 相对于起始慢时间 t_1 绕 x、y、z 轴的旋转变换矩阵，则有

$$
\boldsymbol{R}_{xyz\_m} = \boldsymbol{R}_x(\xi_{xm})\boldsymbol{R}_y(\xi_{ym})\boldsymbol{R}_z(\xi_{zm})
$$

$$
= \begin{bmatrix} \cos\xi_{zm}\cos\xi_{ym} & -\sin\xi_{zm}\cos\xi_{ym} & -\sin\xi_{ym} \\ \begin{matrix}\sin\xi_{zm}\cos\xi_{xm}+\\ \cos\xi_{zm}\sin\xi_{ym}\sin\xi_{xm}\end{matrix} & \begin{matrix}\cos\xi_{zm}\cos\xi_{xm}-\\ \sin\xi_{zm}\sin\xi_{ym}\sin\xi_{xm}\end{matrix} & \cos\xi_{ym}\sin\xi_{xm} \\ \begin{matrix}-\sin\xi_{zm}\sin\xi_{xm}+\\ \cos\xi_{zm}\sin\xi_{ym}\cos\xi_{xm}\end{matrix} & \begin{matrix}-\cos\xi_{zm}\sin\xi_{xm}-\\ \sin\xi_{zm}\sin\xi_{ym}\cos\xi_{xm}\end{matrix} & \cos\xi_{ym}\cos\xi_{xm} \end{bmatrix}
$$

$$(3-17)$$

结合式（3-16）和式（3-17），可求得旋转变换矩阵对应的三个欧拉角：

$$
\xi_{ym} = -\arcsin\boldsymbol{R}_{xyz\_m}(1,3)
\tag{3-18}
$$

$$
\xi_{xm} = \arcsin\frac{\boldsymbol{R}_{xyz\_m}(2,3)}{\cos\xi_{ym}}
\tag{3-19}
$$

$$\xi_{zm} = \arcsin \frac{\boldsymbol{R}_{xyz\_m}(1,2)}{\cos \xi_{ym}} \qquad (3-20)$$

这三个欧拉角的理论范围为 $[-\pi, \pi)$，但在实际的短时间成像过程中，其变化很小。偏航角 ξ_{zm} 表示绕成像平面法向的旋转转动，对应为实际成像所需的累积转角。俯仰角 ξ_{ym} 和滚动角 ξ_{xm} 是随着慢时间的变化使成像平面发生变化导致的，称为成像平面空变角。

假设散射点 P_m 在慢时间 t_m 坐标系 $u_m v_m w_m$ 中的坐标为 $[u_{Pm}, v_{Pm}, w_{Pm}]^{\mathrm{T}}$，则其与起始慢时间坐标系 $x_1 y_1 z_1$ 中的坐标 $[x_P, y_P, z_P]^{\mathrm{T}}$ 的转换关系可表示为

$$[u_{Pm}, v_{Pm}, w_{Pm}]^{\mathrm{T}} = \boldsymbol{R}_{xyz\_m} [x_P, y_P, z_P]^{\mathrm{T}} \qquad (3-21)$$

式（2-13）给出了完成平动补偿（包络对齐和初相校正）后，脉压后散射点的回波（距离像）是等效转动项 ΔR_{Pm} 的函数，散射点距离包络峰值和多普勒变化均与 ΔR_{Pm} 有关。由式（2-12）可知，ΔR_{Pm} 为散射点 P_m 在瞬时成像坐标系 y 轴（等效视线方向）坐标的 $2\cos(\beta_m/2)$ 倍。考虑目标姿态调整运动后，基于式（3-21）可获得慢时间 t_m 对应的坐标系 $u_m v_m w_m$ 下的等效视线方向 v_{Pm} 的坐标，忽略三个小量的乘积 $\sin \xi_{zm} \sin \xi_{ym} \sin \xi_{xm}$，可得

$$\Delta R_{Pm} = 2x_P (\sin \xi_{zm} \cos \xi_{xm} + \cos \xi_{zm} \sin \xi_{ym} \sin \xi_{xm}) \cos \frac{\beta_m}{2} +$$

$$2y_P \cos \xi_{zm} \cos \xi_{xm} \cos \frac{\beta_m}{2} + 2z_P \cos \xi_{ym} \sin \xi_{xm} \cos \frac{\beta_m}{2} \qquad (3-22)$$

式中，偏航角 ξ_{zm} 对应为等效累积转角，可以提供成像所需的方位分辨能力。成像平面随慢时间的空变特性引入的俯仰角 ξ_{ym} 和滚动角 ξ_{xm}，会导致目标散射特性在成像平面上投影的变化，且与 ξ_{xm} 有关的 $z_P \sin \xi_{xm} \cos(\beta_m/2)$ 与目标的高度值有关，这些对空间目标二维成像是不利的。因此，需要对成像弧段进行选取，以消除成像平面空变性的影响。可以通过先验信息，选择成像期间俯仰角 ξ_{ym} 和滚动角 ξ_{xm} 近似恒定且其值近似等于零的弧段作为成像弧段[88,96]，在该弧段内成像平面近似恒定（可忽略成像平面的空变性）；在此基础上，选择偏航角 ξ_{zm} 大且均匀变化的弧段，有利于成像实现，对应的 ΔR_{Pm} 可近似为

$$\Delta R_{Pm} \approx 2\left(x_P \sin \xi_{zm} \cos \frac{\beta_m}{2} + y_P \cos \xi_{zm} \cos \frac{\beta_m}{2} \right) \qquad (3-23)$$

■ 3.3　双基地角时变下的信号模型

双基地角是收发雷达视线形成的夹角，是双基地 ISAR 的重要特征。2.2 节中分析了双基地角对成像分辨率的影响，由于双基地角的存在，双基地 ISAR 的距离向和方位向分辨率受到双基地角的调制，相对于单基地 ISAR 分辨率有所降低。同时，由于双基地角的时变性，双基地 ISAR 回波信号相比于单基地 ISAR 回波信号更加复杂。本节在 3.2 节成像弧段选择的基础上，分析双基地角时变时双基地 ISAR 的回波信号模型。假设发射雷达站和接收雷达站已完成同步，发射信号为 LFM 信号，经过下变频、基带滤波、距离向脉冲压缩后，依据式（2-7）可得散射点 P 对应的回波信号，为了表述方便，将其重写如下：

$$s_c(\hat{t}, t_m) = \sigma_P T_p \cdot \text{sinc}\left(\mu T_p \left(\hat{t} - \frac{R_{Pm}}{c} \right) \right) \cdot \exp\left(-j2\pi f_c \frac{R_{Pm}}{c} \right) \quad (3-24)$$

式中，$R_{Pm} = R_{Om} + \Delta R_{Pm}$。

单基地 ISAR 系统的包络对齐和相位自聚焦方法仍然适用于双基地 ISAR 系统，对式（3-24）进一步采用包络对齐和相位自聚焦，校正平动引起的多周期之间的包络走动和相位差异，得到的散射点距离向回波为

$$s_c(\hat{t}, t_m) = \sigma_P T_p \cdot \text{sinc}\left(\mu T_p \left(\hat{t} - \frac{\Delta R_{Pm}}{c} \right) \right) \cdot \exp\left(-j2\pi f_c \frac{\Delta R_{Pm}}{c} \right)$$

$$(3-25)$$

按 3.2.2 节的方法进行成像弧段选择，选定成像平面近似不变的弧段。在所选弧段的双基地 ISAR 观测期间，通常双基地角是随时间变化的。从严格意义上分析，在发射脉冲的快时间内，双基地角也是实时变化的。然而，对于处在远场条件下的空间目标，以发射脉冲宽度为 10 μs 为例，

双基地角在该时间段内的变化一般不超过 0.000 1°，可忽略该微小变化对成像的影响。因此，双基地角 β_m 可视为慢时间的函数，记为 $\beta(t_m)$，并用累积转角 $\theta(t_m)$ 表述偏航角 ξ_{zm}，式（3 - 23）对应的转动项表述为

$$\Delta R_{Pm} \approx 2(x_P \sin\theta(t_m) + y_P \cos\theta(t_m))\cos\frac{\beta(t_m)}{2} \tag{3 - 26}$$

在较短的相干处理时间 CPI 内，目标处于远场位置的条件下，双基地角随慢时间近似成线性变化，可用一阶泰勒多项式进行近似：

$$\beta(t_m) \approx \beta_0 + \Delta\beta t_m \tag{3 - 27}$$

式中，β_0——成像初始时刻的双基地角，$\beta_0 = \beta(0)$；

$\Delta\beta$——双基地角成像初始时刻的一阶导数，$\Delta\beta = \left.\dfrac{\mathrm{d}\beta}{\mathrm{d}t_m}\right|_{t_m=0}$。

短时成像条件下，$\cos(\beta(t_m)/2)$ 可用一阶泰勒多项式进行近似，可得

$$\cos\frac{\beta(t_m)}{2} \approx \cos\frac{\beta_0}{2} - \frac{\Delta\beta}{2}\sin\frac{\beta_0}{2}t_m = K_0 + K_1 t_m \tag{3 - 28}$$

式中，

$$K_0 = \cos\frac{\beta_0}{2} \tag{3 - 29}$$

$$K_1 = -\frac{\Delta\beta}{2}\sin\frac{\beta_0}{2} \tag{3 - 30}$$

本章将其称为虚拟慢时间系数 K_0 和虚拟慢时间系数 K_1。地基双基地 ISAR 系统中，发射雷达站和接收雷达站的位置是固定的，因此可以基于收发雷达站的位置信息和目标的轨道信息，依据几何位置关系获得双基地角信息，进而获得虚拟慢时间系数的值。

在较短的 CPI 时间内，由于目标的惰性，目标等效累积转角旋转一个微小角度，可表示为 $\theta(t_m) = \omega_0 t_m$，$\omega_0$ 为等效转动角速度。此时，$\sin\theta(t_m)$ 和 $\cos\theta(t_m)$ 可近似为 $\sin\theta(t_m) \approx \omega_0 t_m$，$\cos\theta(t_m) \approx 1$。进一步结合式（3 - 26）和式（3 - 28），忽略二阶以上的高次项，对散射点的转动项进行化简，可得

$$\Delta R_{Pm} \cong 2(x_P\omega_0 t_m + y_P)(K_0 + K_1 t_m)$$
$$= 2y_P K_0 + 2y_P K_1 t_m + 2\omega_0 x_P(K_0 t_m + K_1 t_m^2) \tag{3 - 31}$$

为便于论述，将式（3-31）代入散射点平动补偿后回波表达式（即式（3-25））。若转动项引起的包络走动超出半个距离分辨单元，则基于 Keystone 变换校正线性距离走动项（忽略二次项引入的距离弯曲），可将第 n 个距离单元对应的相位多项式信号表示为

$$s_n(t_m) = \sum_{i=1}^{L_n} \sigma_i T_p \text{sinc}\left(\mu T_p\left(\hat{t} - \frac{2y_i K_0}{c}\right)\right) \cdot$$

$$\exp\left(\frac{-j2\pi f_c}{c}(2y_i K_0 + 2y_i K_1 t_m + 2\omega_0 x_i(K_0 t_m + K_1 t_m^2))\right)$$

$$= \sum_{i=1}^{L_n} A_i \exp\left(\frac{-j2\pi f_c}{c}(2y_i K_1 t_m + 2\omega_0 x_i(K_0 t_m + K_1 t_m^2))\right) \quad (3-32)$$

式中，L_n——第 n 个距离单元内散射点的个数；

A_i——第 i 个散射点的复幅度，包含常数相位项 $\exp(-j4\pi y_i K_0 f_c/c)$，$i$ 是第 n 个距离单元内散射点对应的下标。

位于第 n 个距离单元内 L_n 个散射点的距离坐标$(y_1 = y_2 = \cdots = y_{L_n})$相等，因此可将式（3-32）写为

$$s_n(t_m) = \sum_{i=1}^{L_n} A_i \exp\left(\frac{-j2\pi f_c}{c}(2y_n K_1 t_m + 2\omega_0 x_i(K_0 t_m + K_1 t_m^2))\right)$$

$$(3-33)$$

对 $s_n(t_m)$ 沿慢时间域进行傅里叶变换，可得

$$S_n(f_d) = \int_0^T s_n(t_m)\exp(-j2\pi f_d t_m)\,dt_m$$

$$= \sum_{i=1}^{L_n} A_i T \text{sinc}\left(f_d + \frac{2f_c \omega_0 x_i K_0}{c} + \frac{2f_c K_1 y_n}{c}\right) \otimes D_i(f_d) \quad (3-34)$$

式中，T——CPI 累积观测时间；

f_d——方位多普勒频率；

$-2f_c \omega_0 x_i K_0/c$——第 i 个散射点对应的多普勒频率；

$-2f_c K_1 y_n/c$——第 n 距离单元所有散射点对应的整体多普勒平移量；

$\otimes$——卷积运算；

$D_i(f_d)$——与二次相位项的傅里叶变换：

$$D_i(f_{\mathrm{d}}) = \int_0^T \exp\left(\frac{-\mathrm{j}4\pi f_c}{c}\omega_0 x_i K t_m^2\right)\exp(-\mathrm{j}2\pi f_{\mathrm{d}} t_m)\,\mathrm{d}t_m \qquad (3-35)$$

由此可以看出，式（3 – 33）所示相位表达式中第一部分与纵向距离坐标 y_n 有关的距离空变相位项——与慢时间有关的一次项 $\exp(-\mathrm{j}4\pi f_c y_n K_1 t_m/c)$，会导致第 n 个距离单元所有散射点平移，且平移量与距离坐标成正比，进而引起双基地 ISAR 图像歪斜（线性畸变）。这与 3.2.1 节中分析的结果一致——收发异地配置导致空间目标双基地 ISAR 图像的距离向和方位向不正交。图像歪斜（线性畸变）示意如图 3 – 3 所示，直接采用 RD 算法获得的双基地 ISAR 成像结果无法有效反映目标的真实形状，将影响后续的目标识别。

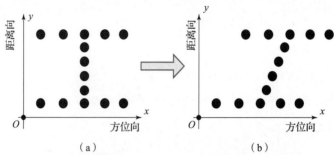

（a） （b）

图 3 – 3　双基地 ISAR 图像歪斜（线性畸变）示意图

（a）散射点模型；（b）RD 算法成像结果

式（3 – 33）所示相位表达式中第二部分与方位向坐标 x_i 有关的相位项为 $\exp(-\mathrm{j}4\pi f_c\omega_0 x_i(K_0 t_m + K_1 t_m^2)/c)$，随着 x_i 的增大，关于慢时间的二次项相位误差大于 $\pi/4$，体现出在方位向的展宽调制将造成方向散焦，进而影响图像聚焦度。

▨ 3.4　双基地角时变下的 ISAR 成像

3.4.1　先验信息提取

本节基于空间目标、发射雷达站和接收雷达站的位置信息及成像几何

关系，进行先验信息的提取。为了便于直观说明，图 3 – 4 给出了简化的
空间目标双基地 ISAR 成像几何关系。图中，点 T、R 分别表示发射雷达站
和接收雷达站。成像雷达系统基线的长度为 L。在慢时间 t_0 和 t_m 时刻，目
标质心位置分别为 O、O_m，对应的双基地角分别为 $\beta(t_0)$、$\beta(t_m)$；双基地
角的角平分线用虚线表示；在成像时刻慢时间 t_0，目标质心 O 与发射雷达
站和接收雷达站的距离分别为 R_{TO}、R_{RO}；在成像时刻慢时间 t_m，目标质心
O_m 与发射雷达站和接收雷达站的距离分别为 R_{TOm}、R_{ROm}。

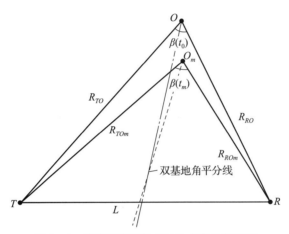

图 3 – 4　简化的双基地 ISAR 成像几何关系

　　地基双基地 ISAR 系统中，发射雷达站和接收雷达站的位置信息已知，
空间目标的位置信息可以根据轨道信息获得，因此 R_{TO}、R_{RO}、R_{TOm}、R_{ROm}、
L 等距离信息可通过位置先验信息计算获得。根据成像三角形几何关系，
成像时刻 t_0 和 t_m 对应的双基地角 $\beta(t_0)$、$\beta(t_m)$ 可由以下公式获得：

$$\beta(t_0) = \arccos \frac{R_{TO}^2 + R_{RO}^2 - L^2}{2R_{TO}R_{RO}} \tag{3 – 36}$$

$$\beta(t_m) = \arccos \frac{R_{TOm}^2 + R_{ROm}^2 - L^2}{2R_{TOm}R_{ROm}} \tag{3 – 37}$$

　　观测时段内任意慢时间空间目标与发射雷达站、接收雷达站构成的双
基地角，均可根据目标的轨道信息获得目标的位置信息，并结合发射雷达
站和接收雷达站位置信息和成像三角几何关系，再依据式（3 – 37）获得。

根据双基地角信息和式（3-27）的定义，可获得双基地时变系数 β_0 和 $\Delta\beta$，进而依据式（3-29）和式（3-30）获得虚拟慢时间系数 K_0 和 K_1。根据 3.2.2 节的分析，依据式（3-20），获得考虑目标姿态调整运动后所选成像弧段慢时间对应的等效累积转角。结合成像弧段总的等效累积转角和观测时间可得对应的等效旋转速度，用于方位向定标。

实际系统中，空间目标的精密轨道信息亦存在一定误差（1~10 m 量级），此误差相对于目标和收发站的距离（一般几百千米至几千千米）是很小的量级，通过几何坐标转换为双基地角后，误差精度的数量级将进一步降低。同时，短时成像条件下，在特定的成像弧段内，双基地角和累积转角可以用一阶泰勒多项式进行近似（$\beta(t_m) = \beta_0 + \Delta\beta t_m$，$\theta(t_m) = \omega_0 t_m$），对于存在误差抖动的实际角度信息，可以采用最小均方误差法估计双基地角和等效累积转角对应的系数（$\beta_0 = \hat{\beta}_0$，$\Delta\beta = \Delta\hat{\beta}$ 和 $\omega = \hat{\omega}_0$），从而进一步提高估计的准确性和鲁棒性。基于 β_0 和 $\Delta\beta$，通过式（3-29）和式（3-30）获得虚拟慢时间系数 K_0 和虚拟慢时间系数 K_1 的值：

$$\hat{K}_0 = \cos\frac{\hat{\beta}_0}{2} \tag{3-38}$$

$$\hat{K}_1 = -\frac{\Delta\hat{\beta}}{2}\sin\frac{\hat{\beta}_0}{2} \tag{3-39}$$

需要注意的是，尽管存在测量误差，但上述方法仍可以获得高精度的角度信息对应的时变系数。一方面原因是在实际空间目标观测系统中，通过精密轨道信息获得的距离测量的误差精度可达 1~10 m 量级，经过空间成像几何计算后可以获得高精度的角度信息。例如，当 $R_{TPm} = 215.65$ km，$R_{RPm} = 464.59$ km，$L = 500$ km 时，距离测量误差 $\xi_R = 3$ m，双基地角 β_m 和等效累积转角 θ_m 的相对误差分别为 $\xi_{\beta_m} = 6.344\,5 \times 10^{-5}$，$\xi_{\theta_m} = 3.035\,8 \times 10^{-6}$。另一方面原因是该方法通过最小化均方误差可找到给定点集合的最佳拟合曲线。因此，$\hat{\beta}_0$、$\Delta\hat{\beta}$、$\hat{K}_0$、$\hat{K}_1$、$\hat{\omega}_0$ 具有很高的估计精度，后续仍将直接采用 K_0、K_1、ω_0 表示相关系数。

3.4.2　距离空变线性相位项补偿

如 3.3 节所述，一阶距离空变相位项 $\exp(-\mathrm{j}4\pi f_c y_n K_1 t_m/c)$ 为线性空变相位项，与散射点的纵向距离坐标 y_n 有关，导致图像歪斜。基于此，本节以空间目标为对象，针对双基地 ISAR 成像的图像畸变问题，提出基于相位补偿的畸变校正方法。在 ISAR 图像中，相位自聚焦后未知的等效旋转中心对应的纵向距离下标记为 n_c，距离向坐标 y_n 对应的下标为 n。纵向距离坐标 y_n 用离散的距离单元下标（离散距离下标）可表示为

$$y_n = (n - n_c)\Delta y \tag{3-40}$$

每个距离采样单元所代表的长度为

$$\Delta y = \frac{c}{2f_s \cos(\beta_0/2)} = \frac{c}{2f_s K_0} \tag{3-41}$$

式中，f_s——距离向采样频率。

将式（3-40）代入式（3-33），可将第 n 个距离单元的相位多项式信号 $s_n(t_m)$ 表示为

$$s_n(t_m) = \sum_{i=1}^{L_n} A_i \exp\left(\frac{-\mathrm{j}2\pi f_c}{c}(2n\Delta y K_1 t_m - \right.$$
$$\left. 2n_c \Delta y K_1 t_m + 2\omega_0 x_i K_0 t_m + 2\omega_0 x_i K_1 t_m^2)\right) \tag{3-42}$$

根据式（3-42），第 n 个距离单元的线性相位畸变由 $f_c n\Delta y K_1 t_m/c$ 决定。依据 3.4.1 节分析，根据目标的轨道信息获得目标的位置信息，并结合发射雷达站和接收雷达位置信息和成像三角几何关系，可获得虚拟慢时间系数 K_0 和虚拟慢时间系数 K_1。基于此，构造相位补偿项：

$$\varphi_c = \exp\left(\frac{\mathrm{j}4\pi f_c}{c} n\Delta y K_1 t_m\right) \tag{3-43}$$

将式（3-43）乘以式（3-42）进行相位补偿，补偿后的 $s_n(t_m)$ 可写为

$$\bar{s}_n(t_m) = \sum_{i=1}^{L_n} A_i \exp\left(\frac{-\mathrm{j}2\pi f_c}{c}(-2n_c \Delta y K_1 t_m + 2\omega_0 x_i K_0 t_m + 2\omega_0 x_i K_1 t_m^2)\right)$$
$$\tag{3-44}$$

对补偿后的 $\bar{s}_n(t_m)$ 作傅里叶变换，可得

$$\bar{S}_n(f_d) = \sum_{i=1}^{L_n} A_i \mathrm{PSF}_i(f_d - f_i - f_{rc}) \tag{3-45}$$

式中，$\mathrm{PSF}(\cdot)$——点散射函数；

f_i——第 i 个散射点的多普勒频率；

$f_{rc} = -2f_c K_1 n_c \Delta y/c$，为恒定值，与具体的距离坐标无关，将导致图像（所有距离单元的散射点）整体偏移一个常量，并不影响图像的形状和质量。因此，后续处理可忽略此项，将其合并至复幅度。

补偿后的 $\bar{s}_n(t_m)$ 消除了图像歪斜（线性畸变），可进一步表述为

$$\bar{s}_n(t_m) = \sum_{i=1}^{L_n} \bar{A}_i \exp\left(\frac{-j4\pi f_c}{c}\omega_0 x_i(K_0 t_m + K_1 t_m^2)\right) \tag{3-46}$$

式中，$\bar{A}_i = A_i \exp(j4\pi f_c n_c \Delta y K_1 t_m/c)$。

3.4.3 基于虚拟慢时间映射的方位向压缩

完成距离空变畸变相位补偿后，受双基地角时变的影响，回波数据中仍包含与散射点方位向坐标有关的二次相位项，回波信号为多分量线性调频信号。此时，若直接通过傅里叶变换进行方位压缩，将引起方位向散焦。

在 ISAR 成像中，为了消除高次项的影响，可采用 RID（range instantaneous Doppler，距离瞬时多普勒）成像算法[154]，以提高成像质量。RID 成像算法可分为两大类，一类为基于时频分析的方法，另一类为基于高次相位补偿的方法。常用的时频分析方法有短时傅里叶变换（short time Fourier transform，STFT）[155]、Wigner - Ville 分布（Wigner - Ville distribution，WVD）[156]、伪 WVD（pseudo - Wigner - Ville distribution，PWVD）[157] 等。STFT 无交叉项干扰，但为达到一定的分辨率，需要增大时窗长度，这样就难以体现频谱的瞬时性。WVD 及其改进方法属于双线性变换，对于多分量信号，采用 WVD 变换进行时频分析时会产生交叉项，因此需要在时频聚集性和交叉项之间进行平衡。基于参数化的时频分布方法，如基于自适应高斯

包络线性调频分解（adaptive Gaussian chirplet decomposition，AGCD）类[158-160]的方法，可获取对应的线性调频信号分量。AGCD 类方法本质上属于稀疏分解类算法，其估计精度与所采用的基函数集合大小以及信号稀疏度密切相关。基于较大的冗余基字典，对每一个距离单元均进行 AGCD 分解，运算量大。更为严重的是，AGCD 类算法对噪声和初值选择比较敏感，较低的信噪比（SNR）或不当的初始值选择都会很大概率导致其重构失败[161-162]。对于空间目标回波，脉压后的 SNR 较低，且初值无明确选定的参考值，从而限制了此类方法的应用。

基于高次相位补偿的方法通过分数阶傅里叶变换（fractional Fourier transform，FrFT)[163]等参数估计方法来估计信号的高阶项系数，补偿高次相位的影响。此类方法需要基于孤立的强散射点估计相位多项式信号的参数，运算量大，其成像效果依赖强散射点的选取精度和参数估计算法本身的估计精度。然而，空间目标脉冲压缩后回波 SNR 低，一般情况下不存在孤立的强散射点，因此这类方法的参数估计精度不高，且由于方位向坐标为待估计参数，无法在估计其高次项系数的基础上进行高次项相位补偿，故应用受限。

基于前文分析，对于可视为合作目标的人造空间目标，在双基地 ISAR 成像期间，基于空间目标轨道的先验信息和成像几何关系，可获得相对精确的双基地角信息，从而进一步估计相应的时变系数。按下式定义虚拟慢时间 τ_m：

$$\tau_m = K_0 t_m + K_1 t_m^2 \qquad (3-47)$$

将虚拟慢时间系数 K_0、K_1 代入式（3-47），可得每个慢时间 t_m 对应的虚拟慢时间 τ_m。将式（3-47）代入式（3-46），可得

$$\bar{s}_n(\tau_m) = \sum_{i=1}^{L_n} \bar{A}_i \exp\left(\frac{-j4\pi f_c}{c}\omega_0 x_i \tau_m\right) \qquad (3-48)$$

式中，相位项仅包含虚拟慢时间 τ_m 的一次项。利用式（3-47）对回波数据完成虚拟慢时间映射，虚拟慢时间采样前后的数据平面如图 3-5 所示。

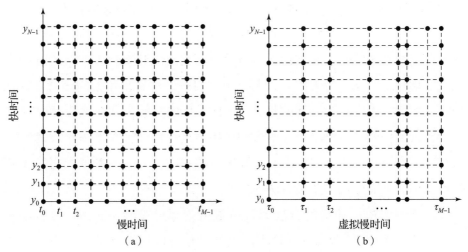

图 3 - 5　虚拟慢时间采样前后的数据平面示意图

（a）虚拟慢时间采样前；（b）虚拟慢时间采样后

对比图 3 - 5（a）、（b）可知，回波数据完成虚拟慢时间映射后，距离向没有变化，不影响包络对齐效果，但相邻虚拟慢时间之间不再是固定不变的时间间隔。经过虚拟慢时间映射，去掉了慢时间二次项影响，等效对方位向回波实现了虚拟非均匀采样。

傅里叶变换的本质可视为：利用不同频率特定采样时刻对应的相位，对采样数据实施相位补偿以实现相参累积的过程。因此，实现傅里叶变换的关键步骤是构建用于方位压缩的补偿相位矩阵 $\boldsymbol{\Psi}$。本质上，虚拟慢时间采样是将恒定间隔的慢时间序列变为采样间隔与慢时间 t_m 和虚拟慢时间系数 K_0、K_1 有关的虚拟慢时间序列 τ_m。为了完成方位向傅里叶变换，需按变换后的虚拟慢时间序列构造补偿相位项。令 $\boldsymbol{\tau} = [\tau_0, \tau_1, \cdots, \tau_{M-1}]$，其中 $\tau_m(m = 0, 1, \cdots, M-1)$ 为利用式（3 - 47）计算的虚拟慢时间，则补偿相位矩阵的基可表示为

$$\boldsymbol{\gamma}_i = \exp\left(2\pi\,\frac{1}{T}\,\frac{\mathrm{j}}{M}\boldsymbol{\tau}^{\mathrm{T}}\right) \tag{3 - 49}$$

式中，$1/T$ 相当于傅里叶变换中的采样频率，j/M 与 $1/T$ 相乘相当于用不同频率构建所需的补偿相位，以完成相干累积。

基于式（3 – 49），按下式构建用于方位压缩的补偿相位矩阵 $\boldsymbol{\Psi}$：

$$\boldsymbol{\Psi} = [\boldsymbol{\gamma}_0, \boldsymbol{\gamma}_1, \cdots, \boldsymbol{\gamma}_{M-1}] \qquad (3 - 50)$$

利用式（3 – 50）对空变线性相位补偿后的数据进行方位压缩，即可得到目标的 ISAR 二维图像。由于补偿相位矩阵采用的不是完全正交的基函数，因此若直接进行矩阵运算，计算虚拟非均匀采样信号与每个频率样本点的相关值，则需要 $4N$ 次实数乘法和 $4N - 2$ 次实数加法。与 N 个频率点进行相关运算，总的运算量为 $O(N^2)$ 数量级。为了减小运算量，采用文献 [164] 中的 Goertzel 递归算法。采用这种算法，总的运算量将是 $2N + 4$ 次实数乘法和 $4N - 2$ 次实数加法，将运算复杂度降低到 $O(N)$ 数量级。若对 W 个距离单元进行方位压缩，则运算量为 $O(WN)$ 数量级。

3.5　基于先验信息的双基地 ISAR 成像流程

综合以上分析，在成像弧段选定的基础上，本章所提出的基于先验信息的双基地 ISAR 成像流程如图 3 – 6 所示，为了体现所提算法在二维 ISAR 成像过程中所处的位置，图 3 – 6 中用虚线框表示了所提算法的关键步骤。

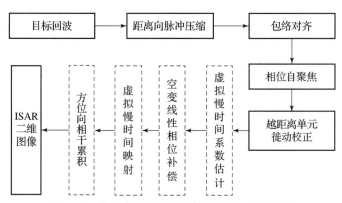

图 3 – 6　基于先验信息的双基地 ISAR 成像流程

具体步骤如下：

第 1 步，对双基地 ISAR 回波进行距离向脉冲压缩、包络对齐、相位自聚焦、越距离单元徙动校正，得到校正后的一维距离像回波数据。

第 2 步，利用空间目标轨道先验信息，发射雷达站和接收雷达站的位置信息，以及成像几何关系，计算双基地角，通过最小均方误差法估计双基地角时变系数 $\hat{\beta}_0$、$\Delta\hat{\beta}$ 以及对应的虚拟慢时间系数 $\hat{K}_0$、$\hat{K}_1$，同时，基于等效累积转角估计对应等效旋转角速度 $\hat{\omega}_0$，用于后续的方位定标。

第 3 步，按照式（3 – 43）对每一个距离单元构造空变线性相位补偿项，逐距离单元进行时域相位补偿。

第 4 步，按照式（3 – 47）进行虚拟慢时间映射，完成虚拟慢时间采样。

第 5 步，按照式（3 – 50）构造补偿相位矩阵，进行方位向相干累积，实现方位压缩，得到目标的 ISAR 二维图像。

■ 3.6　仿真实验及分析

为验证本章所提双基地角时变下基于先验信息的 ISAR 成像算法的性能，本节基于理想散射点模型和电磁散射模型进行仿真实验。

3.6.1　仿真场景及成像参数设置

仿真验证时设置如下场景：发射站设置在北京市（东经 116°24′17″，北纬 39°54′27″，海拔 0 m），接收站设置在上海市（东经 121°4′20″，北纬 39°02′37″，海拔 0 m），采用国际空间站的轨道作为仿真验证轨道。国际空间站的 TLE 数据如表 3 – 1 所示，轨道初始历元时刻为 2018 年 8 月 20 日 00 时 28 分 20 秒。

表 3 – 1　国际空间站的 TLE 数据（2018 年 8 月 20 日）

1	25544U	98067A	18232.01967964	.00001682	00000 – 0	32985 – 4	0	9996
2	25544	51.6416	60.5891 0005908	76.5431	60.0020 15.53854150128446			

　　根据卫星轨道信息，可以推算出国际空间站对双基地 ISAR 系统的可见时间窗为 2018 年 8 月 20 日 01:36:51—01:45:03，从可见时间窗选择成像平面稳定的特定 CPI 作为成像弧段。仿真场景如图 3 – 7 所示，仿真参数设置如表 3 – 2 所示。

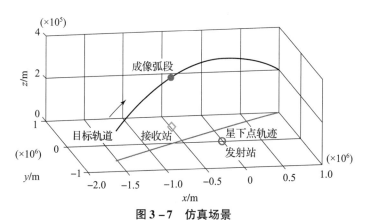

图 3 – 7　仿真场景

表 3 – 2　双基地 ISAR 成像仿真参数

参数名称	数值	参数名称	数值
载频/GHz	10	脉冲宽度/μs	10
信号带宽/MHz	1 000	采样频率/MHz	1 250
脉冲重复频率/Hz	100	脉冲积累数/个	512
距离分辨率/m	0.222 5	方位分辨率/m	0.315 8

3.6.2　基于理想散射点模型的实验结果及分析

基于理想散射点模型进行仿真时，采用图 3 – 8 所示的包含 307 个散射点的空间站模型，散射点的反射系数均为1。其中，图3-8（a）所示为三维模型，图3-8（b）所示为散射点模型沿等效单基地雷达视线方向在成像平面上的投影。

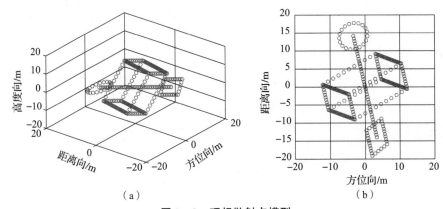

（a）   （b）

图3-8　理想散射点模型

（a）三维模型；（b）成像平面投影

基于2.2节回波模拟方法生成模拟回波。通过发射雷达站、接收雷达站及目标的位置信息和成像几何关系获得双基地角，依据偏航角获得等效累积转角。双基地角随累积脉冲数的变化情况如图3-9（a）所示，图3-9（a）对应的累积时间为5.12 s，在观测时间内，双基地角与慢时间呈线性关系，该观测时间内双基地角变化约为4.04°，对应的 $K_0 = 0.6618$，$K_1 = 0.0044$。等效单基地雷达对应的等效成像累积转角随累积脉冲数的变化情况如图3-9（b）所示，对应的观测时间仍为5.12 s，在观测时间内等效累积转角与慢时间呈线性关系，期间目标等效累积转角约为4.02°，等效旋转角速度为0.0138 rad/s。

利用累积互相关法进行包络对齐，利用加权最小二乘自聚焦算法[165]完成相位自聚焦，利用 Keystone 变换完成越距离单元徙动校正，直接基于 RD 算法进行方位向压缩，并定标得到的 ISAR 二维图像如图3-10（a）所示。受双基地时变角的影响，相对于图3-8（b）所示沿"凝视"的等效单基地视线下成像平面上散射点模型投影，基于 RD 算法获得的 ISAR 二维图像是歪斜的，图像产生了线性畸变，并在方位向存在散焦现象。

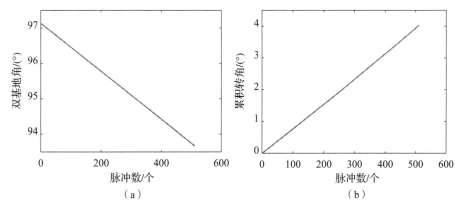

图 3 – 9　双基地角和等效累积转角变化曲线

（a）双基地角；（b）等效累积转角

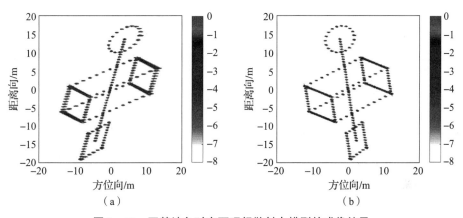

图 3 – 10　双基地角时变下理想散射点模型的成像结果

（a）基于 RD 算法；（b）基于本章所提算法

对于越距离单元徙动校正后的回波数据，进行距离空变线性相位补偿，并进行虚拟慢时间映射采样，构造补偿系数矩阵，逐距离单元完成方位向压缩，并进行定标，得到 ISAR 二维图像，如图 3 – 10（b）所示。图 3 – 10（b）中 ISAR 图像与图 3 – 8（b）沿"凝视"的等效单基地视线下成像平面上散射点模型投影一致，表明利用所提算法可以获得与目标投影形状一致的 ISAR 二维图像，并降低图像散焦，从而验证了本章所提算法的有效性，有利于后期正确识别目标。

　　本章所提算法通过距离空变相位补偿可以有效校正歪斜项、消除图像线性畸变。相比于图 3-10（a），图 3-10（b）利用所提算法生成的 ISAR 图像的方位向聚焦度亦优于基于 RD 成像算法生成的 ISAR 图像。为了定量分析图像聚焦度的变化程度，分别计算图 3-10（a）、（b）的对比度和方位向 3 dB 宽度均值。图 3-10（a）、（b）中定标后的图像对比度、距离向和方位向 3 dB 宽度如表 3-3 所示，本章所提算法获得图像的对比度有所提升，方位向 3 dB 宽度变窄，距离向 3 dB 宽度没有明显变化，这与前文理论分析一致。需要说明的是，方位向 3 dB 宽度较方位分辨率有所展宽，是方位压缩时添加了 Hamming 窗的缘故，相应的展宽系数约为 1.3。据此可以看出，基于所提算法获得的 ISAR 图像改善了图像方位向散焦，图像对比度有明显提升。

表 3-3　图像对比度、距离向和方位向 3 dB 主瓣宽度

成像算法	图像对比度	3 dB 宽度	
		距离向/m	方位向/m
RD 算法	9.42	0.2893	0.4504
本章所提算法	10.45	0.2892	0.4108

　　图 3-11 所示为采用与图 3-10（b）相同的平动补偿、越距离徙动校正和距离空变相位校正操作后，基于 PWVD 的 RID 成像方法得到 $t = 2\,\text{s}$ 时的 ISAR 图像。

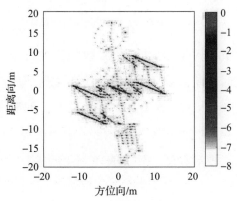

图 3-11　基于 PWVD 的 RID 成像结果（$t = 2\,\text{s}$）

虽然基于 PWVD 可得到相对更高的方位分辨率，但对于存在多个散射点的距离单元，得到的方位像存在严重的交叉项干扰，显著降低了 ISAR图像质量，影响目标识别。在此方面，相比基于 PWVD 的算法，本章所提算法具有优势。

3.6.3　基于电磁散射模型的实验结果及分析

为进一步验证本章所提算法的有效性和鲁棒性，接下来基于电磁散射模型进行仿真实验。本节基于图 3 – 12 中所示的典型卫星 CAD 模型（相对于 2.4.3 节模型具有更大尺寸），通过 PO 法获得目标的散射特性分布数据[148]。仿真场景和仿真参数设定与 3.6.1 节的设定一致，成像弧段的选择与 3.6.2 节一致。

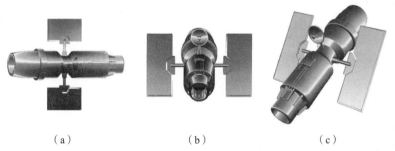

（a）　　　　　　　　　（b）　　　　　　　　　（c）

图 3 – 12　典型卫星 CAD 模型（40.09 m × 30.37 m × 20.74 m）

（a）俯视图；（b）前视图；（c）侧视图

图 3 – 13（a）所示为成像弧段"凝视"的等效单基地雷达视线方向上 CAD 模型，可作为成像的参考。图 3 – 13（b）所示为基于 RD 算法得到的 ISAR 图像，可以看出定标后的图像存在线性畸变，图像歪斜且存在散焦。图 3 – 13（c）所示为基于本章所提算法进行距离空变线性相位补偿，逐距离单元完成基于虚拟慢时间的方位向压缩，定标后得到的 ISAR图像。图 3 – 13（b）、（c）的图像对比度分别为 8.65 和 9.52。图 3 – 13（d）所示为采用与图 3 – 13（c）相同的逐距离单元空变线性相位补偿操作后，采用时频分析方法（PWVD）获得的距离 – 瞬时多普勒图像。

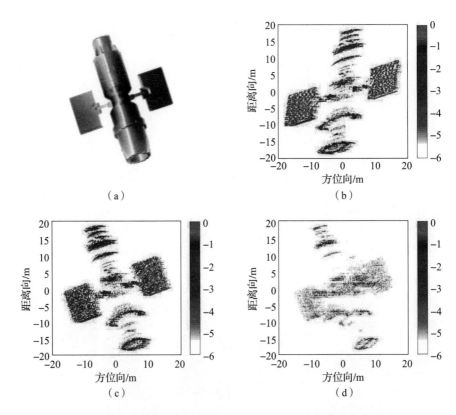

图 3 − 13 典型卫星电磁散射模型双基地角时变下的成像结果（附彩图）

（a）CAD 模型（等效单基地雷达视线方向）；（b）基于 RD 算法成像结果；

（c）基于本章所提算法的成像结果；（d）基于 PWVD 的 RID 成像结果（$t = 2 \, \text{s}$）

对比图 3 − 13（b）、（c）、（d）三幅图像，可以得到与 3.6.2 节一致的结论。基于本章所提算法成像，可有效校正图像畸变，消除图像散焦，并且没有交叉项干扰，从而进一步证明了本章所提算法的有效性和鲁棒性。

3.6.4 鲁棒性验证及分析

如在 3.4.1 节所述，实际系统中获得的空间目标位置信息是含有误差的，精密轨道信息距离误差可达 1 ~ 10 m 量级。假定成像几何中距离信息含有［－5 m，5 m］均匀分布的随机误差，3.6.2 节成像弧段中对应的角度误差累积分布如图 3－14 所示。双基地角误差和累积转角误差分别近似在［－0.017 8°，0.017 8°］和［－0.003 2°，0.003 6°］内均匀分布。

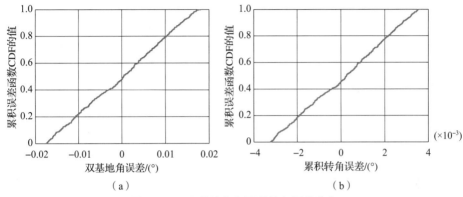

图 3－14　双基地角和累积转角误差分布

（a）双基地角；（b）累积转角

为了验证本章所提算法的鲁棒性和优势，我们在此误差条件下进行了成像仿真，并与文献［94］的畸变校正方法的结果进行了仿真对比验证。图 3－15 和图 3－16 分别给出了在此误差条件下基于散射点模型和电磁散射模型的成像结果。

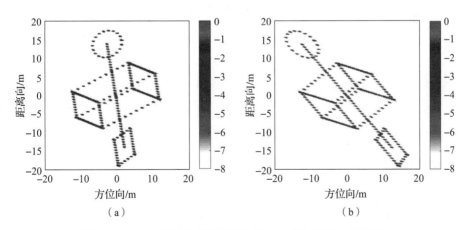

图 3－15　理想散射点模型误差条件下的成像结果（附彩图）

（a）本章所提算法的成像结果；（b）文献［94］算法的成像结果

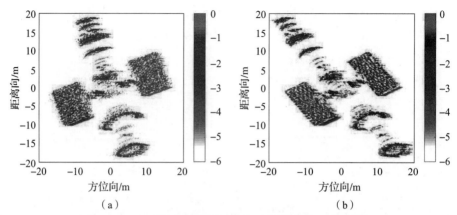

图 3 - 16　电磁散射模型误差条件下的成像结果 （附彩图）

（a）本章所提算法的成像结果；（b）文献［94］算法的成像结果

　　从图 3 - 15（a）和图 3 - 16（a）可以看出，在此误差条件下，本章所提算法可有效成像，正确获得目标的图像形状和特征。基于空间目标轨道和双基地成像几何先验信息，本章所提算法通过最小均方误差估计双基地角和累积转角的一次函数系数，以及对应的虚拟慢时间系数。在每一个双基地角均存在较小随机误差的情况下，基于均方误差最小的约束亦可以精确地估计相应系数，算法更鲁棒，更适用于实际系统。

　　从图 3 - 15（b）和图 3 - 16（b）可以看出，基于文献［94］的图像畸变校正方法，在此误差条件下畸变校正不准确，存在图像失真。文献［94］根据平均畸变角度计算多普勒向畸变单元数，并对二维图像的每个距离单元进行多普勒向的移位操作，通过图像像素单元的横向移位来校正相应的偏移量，进行图像的畸变校正。这种方法需要精确计算图像的畸变角。该畸变角是一个瞬时概念且是时变的，严重依赖于双基地角的精度。图像畸变角计算需精确获得双基地角信息，双基地角的误差及相应一阶导数误差会影响畸变校正的效果。在此误差条件下，畸变角误差分析如图 3 - 17 所示，畸变角误差在 ［- 26.6°, 11.1°］ 内不规则分布。即使双基地角存在较小误差，该畸变角对应的误差也很大，因此存在较小误差时亦会导致图像歪斜校正失败。本章所提算法通过最小均方误差法估计双基地角时变系数，可降低随机误差的影响，在此基础上通过逐距离单元进行时域相位补偿校正，此线性畸变校正方法更加鲁棒。

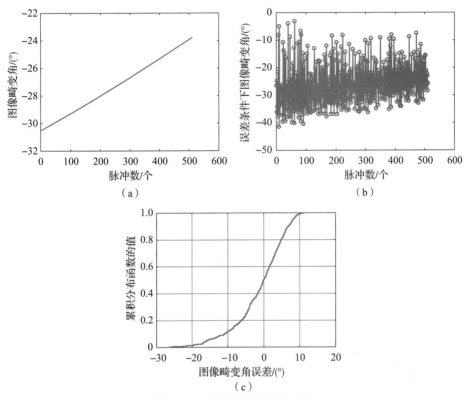

图 3 - 17　图像畸变角误差分析

（a）无误差的畸变角；（b）含误差的畸变角；（c）图像畸变角误差的累积分布

■ 3.7　本章小结

　　本章研究了双基地角时变条件下的空间目标成像，提出了基于空间目标轨道先验信息和雷达位置先验信息的成像算法。首先，研究了双基地 ISAR 空间目标成像平面的确定方法，指出了距离向与方位向在大部分情况下不正交，这会导致图像歪斜；接着，基于欧拉角进行成像平面空变性分析，基于先验信息选择成像平面近似不变的弧段进行成像；在此基础上，推导出了双基地角时变下短时成像的回波信号模型，从信号模型角度进一步分析了图像歪斜（线性畸变）和图像散焦的机理，并基于先验信息估计双基地角时变系数，通过时域相位线性补偿来补偿图像线性畸变项，校正图像歪斜，通过虚拟慢时间映射和方位相干补偿来实现方位向压缩，消除二次畸变项的影响，降低图像散焦。理论分析和仿真结果表明，本章所提算法能够有效、鲁棒地校正双基地角时变引入的图像畸变和散焦现象，提高成像质量，有利于后续目标识别。

第 **4** 章

联合转动二次相位补偿的双基地 ISAR 成像

■ 4.1 引　言

第 3 章研究了基于先验信息的双基地 ISAR 成像算法，分析了所需先验信息的提取方法和成像弧段的选取方法，指明了消除双基地角时变引起的图像歪斜及方位向散焦的途径，验证了基于先验信息进行双基地 ISAR 成像的有效性。然而，与文献 [10]、[94]、[95]、[166] 类似，该分析没有考虑目标等效转动引入的二次相位的影响。随着目标累积转角增大或目标尺寸增加，目标等效转动引起的二次相位将大于 $\pi/4$，能够体现出二次相位展宽调制（二次项畸变效应），引起图像散焦；随着累积转角或目标尺寸的进一步增大，目标方位分辨率进一步提高，在远离等效旋转中心的距离单元还会产生越多普勒单元徙动（等效转动引起的二次相位大于 2π），将引起图像散焦。因此，需要进一步考虑目标等效转动引入二次相位对图像散焦的影响。文献 [91] 假定完全精确已知目标空间位置和对应的双基地角，基于双基地角和瞬时多普勒概念进行越多普勒单元徙动校正，并基于平均畸变角[94]通过图像像素移位进行畸变校正。然而，此假定在实际成像系统中是不成立的。直接利用先验信息得到的卫星位置信息有误差，此距离误差会导致每个周期双基地角和累积转角均产生随机抖动误差。随机误差会影响越多普勒单元徙动校正和图像畸变校正，更为严重的是随机误差会对方位向压缩产生影响，降低图像聚焦效果。因此，需进一步研究等效转动二次相位和双基地角时变两个因素影响时鲁棒的双基地 ISAR 成像算法。

本章将进一步研究双基地 ISAR 成像系统中双基地角时变和转动二次相位对双基地 ISAR 图像影响的机理，利用相位展开模型描述图像一次畸变项和二次畸变项，并提出相应的成像方法，提高成像质量。具体安排如下：4.2 节基于相位展开方法分析联合考虑转动二次相位的回波模型和回波特性；4.3 节基于图像对比度最大准则估计等效旋转中心距离坐标，基于先验信息估计特定参数并进行相位补偿，校正距离空变畸变项，消除距离空变项引入的一次畸变项和二次畸变项，并提出基于匹配傅里叶变换的方位向压缩方法，进一步提高图像聚焦度，提升双基地 ISAR 图像质量；4.4 节给出联合转动二次相位补偿的双基地 ISAR 成像流程；4.5 节基于理想散射点模型和电磁散射模型进行实验验证分析；4.6 节进行小结。

■ 4.2 联合考虑转动二次相位的信号模型

本节将考虑转动二次相位项对图像聚焦程度的影响，分析联合考虑转动二次相位和双基地角时变下信号的模型。假定发射雷达站发射理想 LFM 信号，接收雷达站进行下变频、相干检波获得基带信号，对基带信号进行距离向脉冲压缩，则散射点 P 的回波信号可表示为

$$s_c(\hat{t}, t_m) = \sigma_P T_p \mathrm{sinc}\left[\mu T_p\left(\hat{t} - \frac{R_P(t_m)}{c}\right)\right]\exp\left(-\mathrm{j}2\pi\frac{R_P(t_m)}{\lambda}\right) \quad (4-1)$$

式中，σ_P——散射点 P 对应的复散射系数；

$\hat{t}, t_m$——快时间和慢时间；

λ——信号波长，$\lambda = c/f_c$；

$R_P(t_m)$——在 t_m 时刻，散射点 P 与收发雷达站的瞬时距离，

$$R_P(t_m) = R_o(t_m) + R_{P\_rot}(t_m) \qquad (4-2)$$

式中，$R_o(t_m)$——在 t_m 时刻，目标质心对应的斜距离；

$R_{P\_rot}(t_m)$——目标等效转动项引起的斜距变化，为对应的转动项。

通过包络对齐和相位自聚焦进行平动补偿后，散射点 P 的双基地 ISAR 回波信号可表示为

$$s_c(\hat{t}, t_m) = \sigma_P T_p \cdot \mathrm{sinc}\left(\mu T_p\left(\hat{t} - \frac{R_{P\_rot}(t_m)}{c}\right)\right) \cdot \exp\left(-j2\pi \frac{R_{P\_rot}(t_m)}{\lambda}\right)$$

$$(4-3)$$

选择成像平面基本不变的弧段后，散射点 P 对应的转动项 $R_{P\_rot}(t_m)$ 可表示为

$$R_{P\_rot}(t_m) \approx 2(x_P \sin\theta(t_m) + y_P\cos\theta(t_m))\cos\frac{\beta(t_m)}{2} \qquad (4-4)$$

式中，$\theta(t_m)$——在 t_m 时刻的目标等效累积转角；

$\beta(t_m)$——在 t_m 时刻的双基地角。

对于短时 ISAR 成像中处于远场条件下的空间目标，双基地角随慢时间近似线性变化，则双基地角满足

$$\beta(t_m) \approx \beta_0 + \Delta\beta t_m \qquad (4-5)$$

式中，β_0——初始成像时刻的双基地角，$\beta_0 = \beta(0)$；

$\Delta\beta_m$——双基地角成像初始时刻的一阶导数，$\Delta\beta = \dfrac{\mathrm{d}\beta}{\mathrm{d}t_m}\bigg|_{t_m=0}$。

短时成像期间，$\cos(\beta(t_m)/2)$ 可用一阶泰勒展开近似为

$$\cos\frac{\beta(t_m)}{2} \approx \cos\frac{\beta_0}{2} - \frac{\Delta\beta}{2}t_m\sin\frac{\beta_0}{2}$$

$$= K_0 + K_1 t_m \qquad (4-6)$$

式中，K_0, K_1——双基地角时变对应的系数，$K_0 = \cos\dfrac{\beta_0}{2}$，$K_1 = -\dfrac{\Delta\beta}{2}\sin\dfrac{\beta_0}{2}$。

目标等效转动是 ISAR 可以成像的"根源"。另外，目标等效转动引入

与散射点距离坐标有关的高阶相位项，随着目标累积转角的增大，可能会引起图像散焦。对于处于远场条件下的空间目标短时 ISAR 成像，可忽略二次以上的高次项，转动项的二次相位为 $\theta^2(t_m)/2$，$R_{P\_rot}(t_m)$ 的具体形式可表示为

$$R_{P\_rot}(t_m) \approx 2(x_P\sin\theta(t_m) + y_P\cos\theta(t_m))\cos\frac{\beta(t_m)}{2}$$

$$\approx 2\left(x_P\omega_0 t_m + y_P\left(1 - \frac{\omega_0^2 t_m^2}{2}\right)\right)(K_0 + K_1 t_m)$$

$$\approx 2y_P K_0 + 2y_P K_1 t_m - y_P K_0\omega_0^2 t_m^2 + 2\omega_0 x_P(K_0 t_m + K_1 t_m^2) \quad (4-7)$$

在式（4-7）推导过程中，基于以下近似：

$$\begin{cases} \cos\theta(t_m) \approx 1 - \dfrac{\theta^2(t_m)}{2} \approx 1 - \dfrac{\omega_0^2 t_m^2}{2} \\ \sin\theta(t_m) \approx \theta(t_m) \approx \omega_0 t_m \end{cases} \quad (4-8)$$

由式（4-7）可知，$y_P K_0\omega_0^2 t_m^2$ 导致距离向空变二次相位调制，对应转动二次相位项，目标距离坐标越大、越远离距离中心的散射点，相应的空变二次相位项越大。当对应的二次相位项 $2\pi y_P K_0\omega_0^2 t_m^2/\lambda > \pi/4$ 时，能够体现出二次项的方位展宽；当 $2\pi y_P K_0\omega_0^2 t_m^2/\lambda > 2\pi$ 时，则由于二次项的影响会产生越多普勒单元徙动。上述情况下，会导致图像散焦。设发射信号载波频率 $f_c = 10\,\text{GHz}$，信号波长 $\lambda = 0.03\,\text{m}$，观测时间 $T = 4\,\text{s}$，累积转角为 $5°$，距离坐标 $y_P = 10\,\text{m}$，初始双基地角为 $60°$，对应的 $K_0 = 0.5$，对应的二次相位项弧度为 2.54π。对于此距离单元上的散射点，转动二次相位将不仅体现二次相位扩展调制，还产生越多普勒单元徙动，将导致图像散焦。

将式（4-7）代入式（4-3），忽略二次项引入的距离弯曲，基于 Keystone 变换进行线性越距离单元徙动校正后忽略常数相位项，可得第 n 个距离单元的回波信号表达式：

$$s_n(t_m) = \sum_{i=1}^{L_n} A_i\exp\left(\frac{-\text{j}2\pi}{\lambda}(2y_i K_1 t_m - y_i K_0\omega_0^2 t_m^2 + 2\omega_0 x_i(K_0 t_m + K_1 t_m^2))\right)$$

$$(4-9)$$

式中，i——第 n 个距离单元内散射点对应的下标；

L_n——第 n 个距离单元内散射点的个数；

A_i——第 n 个距离单元内第 i 个散射点的复幅度。

由于相同距离单元内 L_n 个散射点的纵向距离坐标相等，因此可将式（4-9）进一步整理为

$$s_n(t_m) = \sum_{i=1}^{L_n} A_i \exp\left(\frac{-\mathrm{j}2\pi}{\lambda}(2y_n K_1 t_m - y_n K_0 \omega_0^2 t_m^2 + 2\omega_0 x_i(K_0 t_m + K_1 t_m^2))\right)$$

$$(4-10)$$

通过傅里叶变换对式（4-9）进行横向距离维压缩，可得

$$S_n(f_\mathrm{d}) = \int_0^T s_n(t_m)\exp(-\mathrm{j}2\pi f_\mathrm{d} t_m)\mathrm{d}t_m$$

$$= \sum_{i=1}^{L_n} A_i \mathrm{PSF}_i\left(f_\mathrm{d} - \left(f_i - \frac{2K_1 y_n}{\lambda}\right)\right) \qquad (4-11)$$

式中，T——CPI 累积观测时间；

f_d——方位多普勒频率；

f_i——第 n 个距离单元内第 i 个散射点对应的方位多普勒频率：

$$f_i = \frac{-2\omega_0 x_i K_0}{\lambda} \qquad (4-12)$$

$2K_1 y_n/\lambda$——第 n 个距离单元内所有散射点对应的整体多普勒平移量。可以看出，第 n 个距离单元的散射点的偏移量与对应的距离坐标 y_n 成比例关系，每个距离单元内散射点所对应的偏移量不同，导致图像产生线性畸变，即图像歪斜。

$$\mathrm{PSF}_i(f_\mathrm{d}) = T\mathrm{sinc}(f_\mathrm{d}) \otimes D_i(f_\mathrm{d}) \qquad (4-13)$$

式（4-13）是第 i 个散射点对应的点散射函数，$\otimes$ 代表卷积运算，二次相位项对应的傅里叶变换 $D_i(f_\mathrm{d})$ 为

$$D_i(f_\mathrm{d}) = \int_0^T \exp\left(\frac{-\mathrm{j}2\pi}{\lambda}(y_n K_0 \omega_0^2 + 2x_i K_1 \omega_0)t_m^2\right)\exp(-\mathrm{j}2\pi f_\mathrm{d} t_m)\mathrm{d}t_m$$

$$(4-14)$$

$D_i(f_d)$ 对应二次相位引入的二次畸变项，会导致方位向展宽，引发图像模糊。其中，$\exp(j2\pi y_n K_0 \omega_0^2 t_m^2/\lambda)$ 对应转动二次相位，表现为距离向空变特性，随距离坐标增大，所对应的二次展宽调制变大；$\exp(j4\pi x_i K_1 \omega_0 t_m^2/\lambda)$ 对应双基地角时变所引入的二次相位，表现为方位向空变性，随着方位坐标增大，所对应的二次展宽调制变大。

4.3 双基地 ISAR 畸变校正及成像

4.3.1 距离向空变畸变项校正

双基地角时变情况下，方位向压缩后的数据受距离坐标的影响，不同距离单元散射点的多普勒平移量随距离坐标而变化，这使得方位轴和距离轴不正交，导致二维图像出现歪斜，引起图像线性畸变；同时，随距离坐标空变的转动二次相位会引入二次项展宽畸变，引起方位向散焦。结合式（4-9）的相位表达式进行分析，与距离坐标 y_n 有关的空变相位项为 $\exp(-j2\pi(2y_n K_1 t_m - y_n K_0 \omega_0^2 t_m^2)/\lambda)$。其中，随慢时间线性变化的一次相位项 $\exp(-j4\pi y_n K_1 t_m/\lambda)$ 导致散射点多普勒平移且平移量与距离坐标成正比、不同距离单元平移量的空变，引起图像线性畸变，导致图像歪斜。随慢时间变化的二次相位项 $\exp(j4\pi y_n K_0 \omega_0^2 t_m^2/\lambda)$ 对应为二次畸变项，体现为二次展宽调制，会引起散射点频谱展宽，导致图像散焦。结合距离空变畸变项的产生机理，可通过时域相位补偿来实现线性畸变和二次畸变项校正，以消除图像歪斜，提高聚焦度。

每个距离采样单元代表的长度为 $\Delta y = c/(2f_s K_0)$，f_s 为距离向的采样率。距离向脉冲压缩、平动补偿完成后，散射点纵向距离坐标 y_n 可用离散的纵向距离单元下标表示为

$$y_n = (n - n_c)\Delta y \qquad (4-15)$$

式中，n——散射点纵向距离坐标 y_n 对应的离散距离下标；

n_c——等效旋转中心距离坐标对应的离散距离下标。

将式（4-15）代入式（4-10），可得对应的回波表达式：

$$s_n(t_m) = \sum_{i=1}^{L_n} A_i \exp\left(\frac{-\mathrm{j}2\pi}{\lambda}(2(n-n_c)\Delta y K_1 t_m - (n-n_c)\Delta y K_0 \omega_0^2 t_m^2 + 2\omega_0 x_i(K_0 t_m + K_1 t_m^2))\right)$$

$$(4-16)$$

将式（4-15）代入式（4-14），可得对应的与二次相位项对应的频谱表达式：

$$D_i(f_d) = \int_0^T \exp\left(\frac{-\mathrm{j}2\pi}{\lambda}((n-n_c)\Delta y K_0 \omega_0^2 + 2x_i K_1 \omega_0)t_m^2\right)\exp(-\mathrm{j}2\pi f_d t_m)\,\mathrm{d}t_m$$

$$(4-17)$$

距离空变二次相位项以及对应的频谱，与散射点离散距离下标 n 和等效旋转中心对应的离散距离下标 n_c 均有关。因此，为了消除距离空变畸变项的影响，需要依据散射点相对等效旋转中心的距离坐标 y_n 构造相位补偿项，如下式：

$$\varphi_c = \exp\left(\frac{\mathrm{j}2\pi}{\lambda}(2y_n K_1 t_m - y_n K_0 \omega_0^2 t_m^2)\right) \qquad (4-18)$$

其中，要确定 y_n 就需要先估计图像等效旋转中心的离散距离下标 n_c。假定已获得等效旋转中心距离坐标，已获得双基地角时变系数 K_0、K_1，以及等效旋转速度 ω_0。基于此，构造空变相位补偿项 φ_c。

在获得空变相位补偿项 φ_c 的基础上，将式（4-18）与式（4-9）相乘，进行相位补偿，补偿后第 n 个距离单元对应的相位多项式信号可表示为

$$s_n(t_m) = \sum_{i=1}^{L_n} A_i \exp\left(\frac{-\mathrm{j}4\pi}{\lambda}\omega_0 x_i(K_0 t_m + K_1 t_m^2)\right) \qquad (4-19)$$

分析式（4-19）可以看出，在经过距离空变畸变相位补偿后，成像所需的相位项中已不包含与距离坐标 y_n 有关的相位项，余下的相位项中含有散射点的横向坐标信息，研究合适的方法即可完成方位向的压缩，从而

得到目标二维图像。

4.3.2　基于 MFT 实现方位压缩

双基地 ISAR 成像期间，基于空间目标轨道的先验信息和成像几何关系，可获得精确的双基地角信息及相应的双基地角时变系数。文献 [36]、[167]、[168] 利用匹配傅里叶变换（matching Fourier transform，MFT）对非平稳信号的良好频域聚集能力[169]，针对机动目标回波逐距离单元进行 MFT，以实现方位向压缩，整个过程中仅进行一次参数估计，有效降低了计算量。双基地角时变引起的高次项对所有距离单元的影响是一致的，基于该特性，本节通过 MFT 实现高效的方位压缩，以提高 ISAR 图像的聚焦程度。

MFT 是非平稳信号分析的常用工具之一，它通过构造与原信号匹配的基函数将非平稳信号在匹配傅里叶域实现最大限度的集中，获得最佳频谱输出[169]。对于相位多项式函数 $f(t) = \sum A_i \exp(j\omega_i \varphi(t))$，$f(t)$ 是观测时间 $t \in [0, T]$ 上的连续函数，$\varphi(t)$ 是单调有界的连续函数，且 $\varphi(0) = 0$，其 MFT 可通过下式实现：

$$F(\omega) = \int_0^T f(t) \exp(-j\omega\varphi(t)) \, d\varphi(t) \qquad (4-20)$$

式中，$\varphi(t)$——多项式相位函数，决定了积分路径；

$\qquad \omega$——匹配傅里叶频率。

MFT 相对于傅里叶变换的主要区别在于，其针对不同的相位函数采用相对应的积分路径。不同的积分路径对应不同的正交系，在不同正交系（积分路径）中，信号的投影不同。通过选择与信号相位匹配的积分路径 $\varphi(t)$，能在相应的匹配傅里叶域中聚集信号能量，实现最佳匹配输出。当 $\varphi(t) = t$ 时，MFT 退化为傅里叶变换。傅里叶变换可视为 MFT 的特例，MFT 可视为傅里叶变换的扩展。

以某线性调频信号 $s(t) = \exp(j2\pi 100(t + t^2))$ 为例（t 取值范围为 0 ~

1 s），基于 FFT（fast Fourier transform，快速傅里叶变换）的频谱如图 4 – 1（a）所示；取 $\varphi(t) = t + t^2$，通过 MFT 得到的匹配傅里叶域的频谱如图 4 – 1（b）所示。从图中可发现，在选定匹配傅里叶基的基础上，MFT 将展宽的信号频谱能量集中在以 100 Hz 为峰值的主瓣内，基于 MFT 可以获得能量集中的匹配傅里叶域频谱。

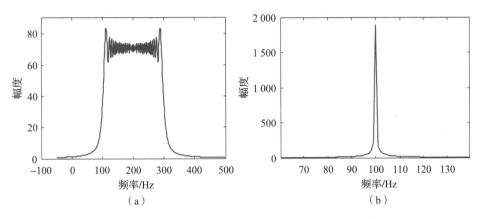

图 4 – 1　单分量线性调频信号的 FFT 和 MFT 频谱

（a）FFT 频谱；（b）MFT 频谱

　　MFT 通过不同的积分路径可有效处理多分量线性调频信号。为验证其有效性，采用下式所表述的包含三个线性调频信号的复合信号，其中叠加 SNR = 10 dB 的白噪声 $n(t)$：

$$s(t) = 2\exp(\mathrm{j}2\pi(30t + 40t^2)) + \exp(\mathrm{j}2\pi(90t + 100t^2)) +$$
$$2\exp(\mathrm{j}2\pi(200t + 60t^2 + 0.2)) + n(t) \tag{4 – 21}$$

式中，t 取值范围为 0 ~ 1 s，在采样率 $T_s = 1/512$，其通过 FFT 及 MFT 得到的频谱如图 4 – 2 所示。从图中可以看出，由于多分线性调频信号的时变性，直接对其进行 FFT，信号能量无法在频域聚集，无法分辨信号；MFT 结果有三个峰值，噪声能量散布在整个平面。在信号相位多项式与积分路径匹配的情况下，可有效聚集各个信号分量的能量，实现信号匹配输出，分辨有效信号分量。

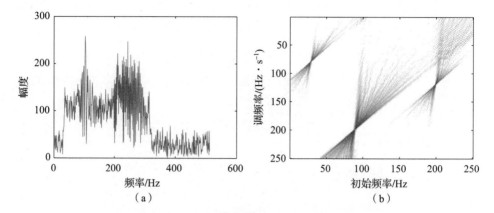

图 4 - 2　多分量线性调频信号的 FFT 和 MFT 频谱

(a) FFT 频谱；(b) MFT 频谱

将 MFT 应用于双基地角 ISAR 成像的方位向压缩，构造与式（4 - 19）指数项中的慢时间二次多项式一致的积分路径函数，如下：

$$\varphi_{\mathrm{mft}}(t_m) = -(K_0 t_m + K_1 t_m^2) \qquad (4-22)$$

令 $\omega_i = 4\pi\omega_0 x_i / \lambda$，将第 n 个距离单元对应的相位多项式信号结合式（4 - 22），则式（4 - 19）可写为

$$s_n(t_m) = \sum_{i=1}^{L_n} A_i \exp\left(\frac{\mathrm{j}4\pi}{\lambda}\omega_0 x_i \varphi_{\mathrm{mft}}(t_m)\right)$$

$$= \sum_{i=1}^{L_n} A_i \exp(\mathrm{j}\omega_i \varphi_{\mathrm{mft}}(t_m)) \qquad (4-23)$$

式中，$\varphi_{\mathrm{mft}}(t_m)$ 是关于 t_m 的单调有界函数，且 $\varphi_{\mathrm{mft}}(0) = 0$，$s_n(t_m)$ 满足 $f(t)$ 函数的要求。

以式 $\varphi_{\mathrm{mft}}(t_m)$ 为积分路径，对式（4 - 23）作 MFT，进行方位向压缩，可得第 n 个距离单元的方位像为

$$I_n(f_{\mathrm{d}}) = \int_0^T \sum_{i=1}^{L_n} A_i \exp(\mathrm{j}(\omega_i - \omega)\varphi_{\mathrm{mft}}(t_m)) \,\mathrm{d}\varphi_{\mathrm{mft}}(t_m)$$

$$= \int_0^T \sum_{i=1}^{L_n} A_i \exp(\mathrm{j}(\omega_i - \omega)\varphi_{\mathrm{mft}}(t_m))(-K_0 - 2K_1 t_m)\,\mathrm{d}t_m$$

$$(4-24)$$

记 $\omega = 2\pi f_{\mathrm{d}}$，MFT 是傅里叶变换的扩展，属于线性变换，由此可得

$$
\begin{aligned}
I_n(f_{\mathrm{d}}) &= \sum_{i=1}^{L_n} \int_0^T A_i \exp\left(\mathrm{j}\left(\frac{4\pi}{\lambda}\omega_0 x_i - 2\pi f_{\mathrm{d}}\right)\varphi_{\mathrm{mft}}(t_m)\right)\mathrm{d}\varphi_{\mathrm{mft}}(t_m) \\
&= \sum_{i=1}^{L_n} A_i \varphi_{\mathrm{mft}}(T)\,\mathrm{sinc}\left(\varphi_{\mathrm{mft}}(T)\left(f_{\mathrm{d}} - \frac{2\omega_0 x_i}{\lambda}\right)\right)\exp\left(\mathrm{j}\pi\left(f_{\mathrm{d}} - \frac{2}{\lambda}\omega_0 x_i\right)\right)
\end{aligned}
$$

$$(4-25)$$

可以看出，通过 MFT 得到的方位像 $I_n(f_{\mathrm{d}})$ 是一组辛克函数的组合。辛克函数脉冲宽度为 $1/\varphi_{\mathrm{mft}}(T)$，$T$ 为观测时间，等效方位分辨率为

$$
\rho_x = \frac{\lambda}{2\omega_0 \varphi_{\mathrm{mft}}(T)} \tag{4-26}
$$

从散射点的峰值位置可以计算出散射点的方位向坐标：

$$
x_i = f_{\mathrm{d}} \frac{\lambda}{2\omega_0} \tag{4-27}
$$

综上，通过 MFT 消除了双基地角时变引起的二次项的影响，并且可以在特定 MFT 域获得散射点方位向分布。

4.3.3　等效旋转中心距离坐标估计及误差限制分析

如 4.3.1 节所述，为了校正距离向空变畸变项，需要进行相应的距离空变相位补偿。在进行相位补偿时，除了需要获得双基地角时变系数 K_0 和 K_1、等效旋转速度 ω_0，还需确定散射点的相对距离坐标 y_n。双基地角时变系数和等效旋转角速度可以基于空间目标先验知识获得，在此基础上还需要确定相位自聚焦后等效旋转中心的距离坐标和对应的离散距离下标。

距离空变相位补偿前，需要进行包络对齐和相位自聚焦，以消除平动的影响。相位自聚焦后，等效旋转中心方位向坐标位于瞬时零多普勒平面上，对成像没有影响。然而，相位自聚焦算法和包络对齐算法的精度要求不同。相位自聚焦算法要求精度要与 $\lambda/8$ 相比拟，对于处于 X 波段信号，通常在几毫米的数量级；包络对齐要求精度与距离分辨率相比拟，一般在

十几到几十厘米（cm）的数量级。而且，两者是分步处理的，相位自聚焦得到的等效旋转中心距离坐标与包络对齐算法后的图像距离向中心的坐标并不一致，其对应的离散距离下标不能作为等效旋转中心的离散距离下标。

通过单特显点法进行相位自聚焦，可根据单特显点的距离坐标近似估计等效旋转中心的距离坐标。然而，该方法的相位自聚焦精度和获得的距离坐标精度均有限，且一般在 ISAR 图像中难以找到理想的单散射点，对于信噪比很低的空间目标的实测回波数据，要想获得单一理想散射点就更加困难，因此限制了该方法的应用。针对此问题，叶春茂等[170-171]基于两幅邻近成像弧段获得的瞬时"凝视"ISAR 图像中某三个孤立散射点的位置差，获得单基地 ISAR 图像等效旋转中心的距离坐标。然而，实测 ISAR 数据很难确定孤立散射点，且双基地 ISAR 图像存在随距离空变的畸变效应，因此该方法无法应用于双基地 ISAR 成像。基于图像旋转相关的思路，本课题组[172]进一步利用图像整体信息，对于单基地 ISAR 成像将成像弧段获得的瞬时"凝视"的 ISAR 图像进行旋转相关，寻找等效旋转中心的距离坐标，此算法更加鲁棒，但只适用于单基地 ISAR 成像。文献［92］假定双基地角不变，利用单基地 ISAR 图像旋转相关的类似思路估计等效旋转中心，但双基地角不变的假定不符合双基地 ISAR 的成像实际，因此影响其算法的精度和适用范围。

考虑到双基地 ISAR 成像存在距离向空变的畸变项，不同的等效旋转中心距离坐标会引入不同的二次项展宽，我们进一步基于图像对比度最大准则，解决等效旋转中心距离坐标估计问题。

假设估计的旋转中心离散距离下标为 $\hat{n}_c$，以此为基础按式（4－15）计算散射点相对于旋转中心的距离坐标，第 n 个距离单元内散射点的距离坐标对应为 $\hat{y}_n$。通过式（4－18）构造对应的相位补偿项为

$$\hat{\varphi}_c = \exp\left(\frac{\mathrm{j}2\pi}{\lambda}(2\,\hat{y}_n K_1 t_m - \hat{y}_n K_0 \omega_0^2 t_m^2)\right) \qquad (4-28)$$

将式（4－28）与式（4－10）相乘，进行补偿，补偿后的相位多项

式为

$$s_n(t_m) = \sum_{i=1}^{L_n} A_i \exp\left(\frac{-\mathrm{j}2\pi}{\lambda}\left(2(y_n - \hat{y}_n)K_1 t_m - \right.\right.$$

$$\left.\left. (y_n - \hat{y}_n)K_0\omega_0^2 t_m^2 + 2\omega_0 x_i(K_0 t_m + K_1 t_m^2)\right)\right) \tag{4-29}$$

设离散距离下标为 n 的距离单元，其定标后的距离坐标为 y_n。若相位自聚焦后实际等效旋转中心的离散距离下标为 n_c，依据式（4-15），等效旋转中心真实的距离坐标和估计获得的距离坐标之间的误差为

$$\Delta Y_c = (y_n - \hat{y}_n) = (n_c - \hat{n}_c)\Delta y \tag{4-30}$$

式中，Δy——单个距离单元对应的长度，$\Delta y = c/(2f_s K_0)$。

将式（4-30）代入式（4-29），则补偿空变相位项后的相位多项式可写为

$$s_n(t_m) = \sum_{i=1}^{L_n} A_i \exp\left(\frac{-\mathrm{j}2\pi}{\lambda}\left(2\Delta Y_c K_1 t_m - \Delta Y_c K_0\omega_0^2 t_m^2 + 2\omega_0 x_i(K_0 t_m + K_1 t_m^2)\right)\right)$$

$$\tag{4-31}$$

基于 MFT，依照式（4-25）对距离向空变相位补偿后的数据进行方位压缩时，式（4-25）积分路径的相位和式（4-31）的相位不完全匹配，存在相位失配项：

$$\Delta\varphi = \exp\left(\frac{-\mathrm{j}2\pi}{\lambda}\left(2\Delta Y_c K_1 t_m - \Delta Y_c K_0\omega_0^2 t_m^2\right)\right) \tag{4-32}$$

在相位失配项 $\Delta\varphi$ 中，由等效旋转中心的距离坐标失配引入的线性相位项仅导致图像整体平移，不影响最终图像质量；由等效旋转中心的距离坐标失配引入的相位二次项会引起二次展宽畸变，导致图像散焦，降低图像的对比度。相位失配项引入的二次项展宽受限于等效旋转中心距离坐标的估计精度，其导致的方位向散焦可忽略的条件为要求对应项的相位项小于 $\pi/4$（空间频率小于 $\lambda/8$），即有如下约束：

$$\left|\frac{2\pi\Delta Y_c K_0\omega_0^2 t_m^2}{\lambda}\right| \leqslant \frac{\pi}{4} \tag{4-33}$$

设总的观测时间为 T，总的等效累积转角为 $\Delta\theta$，将式（4-33）整理

后可得

$$|\Delta Y_{c}| \leqslant \frac{\lambda}{8K_0\omega_0^2 T^2} = \frac{\lambda}{8K_0(\Delta\theta)^2} \qquad (4-34)$$

距离采样单元对应长度 $\Delta y = c/(2f_s K_0)$，由式（4-30）可得等效旋转中心位置不一致引入的距离误差为

$$\Delta Y_{c} = (n_c - \hat{n}_c)\Delta y = \Delta n_c \frac{c}{2f_s K_0} \qquad (4-35)$$

式中，Δn_c——等效旋转中心估计离散距离下标对应的估计误差。

将式（4-35）代入式（4-34），可得

$$\Delta n_c \leqslant \frac{\lambda f_s}{4(\Delta\theta)^2 c} \qquad (4-36)$$

即估计的等效旋转中心离散距离下标误差应满足上式要求。当 $\lambda = 0.03$ m，距离向快时间对应的采样率为 $f_s = 1\,000$ MHz，累积转角为 $4°$ 时，通过式（4-36）可得，要想 $\Delta n_c \leqslant 1.3$，则要求估计的离散距离下标误差不超过一个距离采样单元。因此，可根据要求的离散距离下标误差的精度来设定搜索步进量的大小。

当 $\Delta n_c = 0$ 时，即假定距离坐标和实际距离坐标一致时，可以实现完全匹配的 MFT 压缩，获得最大图像对比度的图像。基于此，可基于图像对比度最大准则，通过搜索的方式寻找等效旋转中心距离坐标。按下式计算图像对比度：

$$C_{\text{imag}} = \frac{\sqrt{A\{[I(x,y) - A[I(x,y)]]^2\}}}{A[I(x,y)]} \qquad (4-37)$$

式中，C_{imag}——图像对比度；

$I(x,y)$——复图像的幅度；

$A[\cdot]$——图像在整个成像平面 (x,y) 上的幅度平均。

首先，假定某等效旋转中心距离坐标，并以此距离坐标计算散射点相对于等效旋转中心的距离，构造补偿相位项，补偿距离空变相位。然后，基于 MFT 进行方位向压缩，获得目标 ISAR 图像，并计算图像对比度。最

后，在设定的搜索范围内改变假定的等效旋转中心距离坐标，重复以上步骤。当等效旋转中心距离坐标等于其实际距离坐标时，可获得图像对比度最大和聚焦度最好的图像。为了减小搜索范围，可选择有效成像区域及两侧一定范围进行搜索，以降低运算量，提高搜索速度。

4.3.4　基于最小均方误差估计先验参数

在 4.2 节，联合考虑等效转动对应的二次相位和双基地角时变下信号的模型时，对同一距离单元内散射中心的相位进行泰勒展开，利用相位展开模型表述图像的一次和二次畸变项。其中，一次畸变项对应横向分辨所需的多普勒频率，由双基地角时变引起的多普勒项也含在其中，引起图像线性畸变；随距离向和方位向二维均变化的二次畸变项将引起多普勒单元展宽，导致图像散焦。要想去除一次和二次畸变，获得形状准确、聚焦度高的图像，就需要获得估计先验参数（双基地角时变系数、等效旋转速度）。

理想情况下，我们根据目标轨道信息精确获得目标位置信息，再结合发射雷达站和接收雷达站的位置信息和成像几何关系，精确获得任意慢时间时刻的双基地角信息，通过坐标系转换信息获得精确的任意慢时间时刻累积转角信息。通过慢时间角度信息，可以获得相应先验参数的估计。然而，实际系统中即使是事后多传感器融合的精密轨道信息依然存在随机误差（1~10 m 量级）。距离随机误差信息将导致角度信息也存在随机误差。

假定实际获得的任意慢时间 t_m 的双基地角为

$$\hat{\beta}(t_m) = \beta(t_m) + \varepsilon_\beta(t_m) \tag{4-38}$$

式中，$\beta(t_m)$——双基地角的真实值；

　　　$\varepsilon_\beta(t_m)$——双基地角的估计误差。

假定实际获得的任意慢时间 t_m 的等效转角为

$$\hat{\theta}(t_m) = \theta(t_m) + \varepsilon_\theta(t_m) \tag{4-39}$$

式中，$\theta(t_m)$——等效转角的真实值；

　　　$\varepsilon_\theta(t_m)$——等效累积转角的估计误差。

　　由于存在估计误差，因此无法直接通过双基地角和累积等效转角来精确获得相应的先验参数。在联合考虑双基地角时变和转动二次相散焦的相位展开模型中，亦利用短时间远场成像条件下，双基地角线性变化和累积转角近似线性变化的条件：

$$\begin{cases} \beta(t_m) = \beta_0 + \Delta\beta t_m \\ \theta(t_m) = \omega_0 t_m \end{cases} \tag{4-40}$$

此条件与 3.3 节中信号建模的近似条件一致。相位展开模型不仅清晰地说明了双基地 ISAR 图像畸变的机理，也为利用多个慢时间的角度信息估计所需先验系数构造相应畸变校正相位项创造了条件。与 3.4.1 节类似，我们通过轨道先验信息、成像几何以及获得的双基地角和等效累积转角，基于均方误差最小的方法估计 $\hat{\beta}(t_m)$ 对应的系数（$\beta_0 = \hat{\beta}_0$，$\Delta\beta = \Delta\hat{\beta}$），累积转角对应的系数为等效转动的角速度（$\omega = \hat{\omega}_0$），对应双基地角时变系数可写为

$$\begin{cases} \hat{K}_0 = \cos\dfrac{\hat{\beta}_0}{2} \\ \hat{K}_1 = -\dfrac{\Delta\hat{\beta}}{2}\sin\dfrac{\hat{\beta}_0}{2} \end{cases} \tag{4-41}$$

■ 4.4　联合转动二次相位补偿的双基地 ISAR 成像流程

　　综合以上分析，本章所提的联合转动二次相位补偿空间目标双基地 ISAR 成像流程如图 4-3 所示。第 3 章中基于先验信息进行成像平面确定的方法依然有效，因此可假定通过先验信息获得成像平面的空变角，并选择成像平面基本不变成像弧段的回波作为算法输入。在图 4-3 中用虚线框标注了成像的关键步骤。

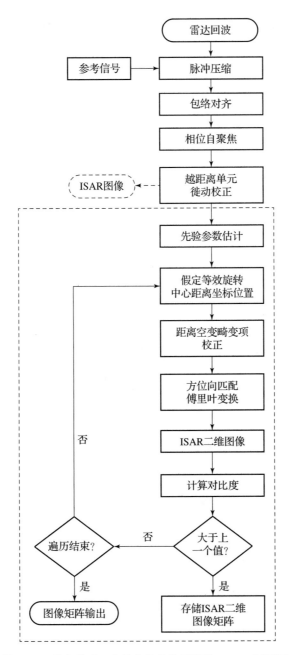

图 4 – 3　联合转动二次相位补偿的双基地 ISAR 成像流程

具体步骤如下：

第 1 步，对特定弧段回波进行距离向脉冲压缩、包络对齐、相位自聚焦、越距离单元徙动校正处理，得到越距离单元徙动校正后的一维距离像回波数据。

第 2 步，基于发射雷达站和接收雷达站的位置信息以及空间目标的轨道信息，通过成像几何关系计算相应慢时间的双基地角，基于最小均方误差法估计 $\hat{\beta}_0$、$\Delta\hat{\beta}$ 的值，并通过式（4 – 41）得到双基地时变角系数的估计值 $\hat{K}_0$、$\hat{K}_1$；基于慢时间等效累积转角，利用最小均方误差法估计对应的等效旋转角速度 $\hat{\omega}_0$。

第 3 步，在等效旋转中心距离坐标搜索范围内，设定特定的等效旋转中心距离坐标，按照式（4 – 18）构造每个距离单元的空变相位补偿项 φ_c，通过逐距离单元时域相位补偿，进行距离向空变畸变项校正。

第 4 步，按照式（4 – 22）构造匹配傅里叶变换的积分路径和相应基函数，并按照式（4 – 25）进行匹配傅里叶变换，获得相应的双基地 ISAR 成像结果以及相应的图像对比度。

第 5 步，更新第 3 步中的距离坐标，重复第 3 步、第 4 步，如果图像对比度增大，则更新 ISAR 图像。

第 6 步，在设定的等效旋转中心位置范围重复上述过程；遍历完所有可能的位置后，获得估计等效旋转中心位置与实际位置一致时对应的 ISAR 图像，此图像对比度最大；输出图像矩阵。

▐ 4.5　仿真实验及分析

本节基于理想散射点模型和电磁散射模型，验证本章所提成像算法的有效性和鲁棒性。

4.5.1　仿真设置

成像仿真场景设定如下：发射站设置在北京市（东经 116°24′17″，北纬 39°54′27″，海拔 0 m），接收站设置在上海市（东经 121°4′20″，北纬 39°02′37″，海拔 0 m），选择国际空间站的轨道作为仿真验证轨道，其轨道参数由国际空间站的 TLE 信息决定，目标的 TLE 数据如表 4 - 1 所示。

表 4 - 1　国际空间站的 TLE 数据（2018 年 9 月 12 日）

1	25544U	98067A	18255.09915832	.00001088	00000 - 0	23933 - 4	0	9999
2	25544	51.6419	305.5808	0005084	148.3817	299.1230	15.53835622132031	

初始轨道根数历元时刻是 2018 年 9 月 12 日 02 时 22 分 47 秒。根据卫星轨道信息，可推算出国际空间站对双基地 ISAR 系统的可见时间窗是 2018 年 9 月 12 日 14:28:15—14:37:09。从可见时间窗选择成像平面稳定的特定 CPI，作为成像弧段。双基地 ISAR 成像仿真参数如表 4 - 2 所示。

表 4 - 2　双基地 ISAR 成像仿真参数

参数名称	数值	参数名称	数值
载频/GHz	10	脉冲宽度/μs	10
信号带宽/MHz	1 000	采样频率/MHz	1 250
脉冲重复频率/Hz	100	脉冲累积数/个	512
距离分辨率/m	0.191 1	方位分辨率/m	0.221 5

所选成像弧段对应的总观测时间为 5.12 s，基于先验信息获得双基地角和等效累积转角。图 4 - 4（a）所示为观测时间内双基地角随积累脉冲数的变化情况，在观测时间内，双基地角与慢时间呈线性关系，该观测时间内双基地角变化为 7.14°，对应的 $K_0 = 0.765\,6$，$K_1 = 0.007\,5$。图 4 - 4

（b）所示为等效成像累积转角随积累脉冲数的变化情况，在观测时间内，等效累积转角与慢时间呈线性关系，期间目标等效累积转角约为 4.94°，等效旋转角速度为 0.016 8 rad/s。

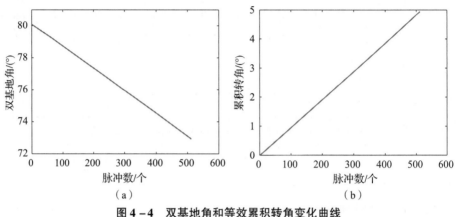

图 4 - 4　双基地角和等效累积转角变化曲线

（a）双基地角；（b）等效累积转角

4.5.2　基于理想散射点模型的实验结果及分析

本节采用与 3.6.2 节一致的理想散射点模型进行仿真实验，基于 2.2 节介绍的回波模拟方法，生成双基地 ISAR 系统的模拟回波。

图 4 - 5（a）所示为沿"凝视"的等效单基地视线下散射点模型在成像平面上的投影。分别通过累积互相关法和加权最小二乘自聚焦算法进行包络对齐和相位自聚焦，基于 Keystone 变换完成越距离单元徙动校正。对于越距离单元徙动校正后的回波数据，通过 RD 算法进行方位向压缩，并进行定标。图 4 - 5（b）所示为定标后的 ISAR 二维图像。受双基地角时变和转动二次相位的影响，相对于图 4 - 5（a），通过 RD 算法获得的 ISAR 图像存在线性畸变和二次项畸变，图像是歪斜的，并在方位向存在散焦现象，随着距离坐标的增大，在图像上下两端散焦现象更加严重。

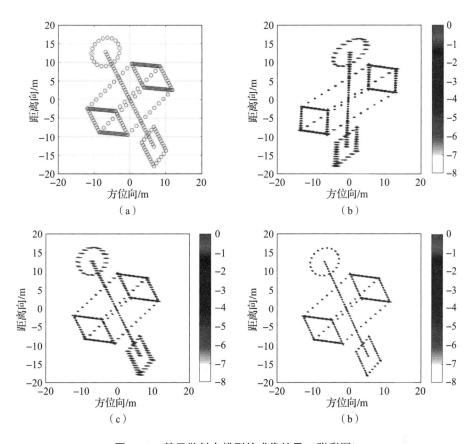

图 4 – 5　基于散射点模型的成像结果（附彩图）

（a）成像平面上投影（等效单基地雷达视线方向）；（b）基于 RD 算法的成像结果；

（c）基于 3.5 节所提算法的成像结果；（d）基于本章所提算法的成像结果

采用 3.5 节所提算法处理越距离单元徙动校正后回波数据，所得 ISAR 图像如图 4 – 5（c）所示。图 4 – 5（c）中的 ISAR 图像歪斜得到有效校正，但仍存在图像散焦现象，特别是在图像的上下两端，距离坐标比较大的区域，图像散焦严重。这是因为，随着相对于等效旋转中心的距离坐标增大，转动二次项引入的二次项畸变逐渐增大，导致图像散焦。采用 4.3.3 节中基于图像对比度最大准则估计方法，搜索等效旋转中心距离坐标。等效旋转中心的离散距离下标搜索曲线如图 4 – 6 所示，图像对比度最大时对应第 508 个离散距离单元（距离波门内共选定 1 024 个有效距离单元）。在此基础上，进行距离向空变畸变项的相位补偿，并进行匹配傅里叶变换，实现方位向压缩，得到图 4 – 5（d）所示的 ISAR 图像。对比图 4 – 5（c）、（d）可以看出，本章所提算法通过估计等效旋转中心距离坐标，并进行相应的距离空变二次项相位补偿，可有效降低转动二次项引入的图像散焦，提高成像质量。相对于 RD 成像算法获得的图 4 – 5（b），图 4 – 5（d）的形状与散射点模型在成像平面上的投影一致，可有效校正歪斜项，消除图像线性畸变，降低方位向散焦（二次项畸变），利于后期目标的正确识别。

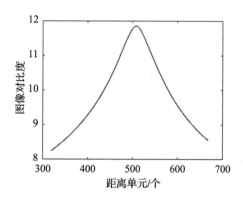

图 4 – 6 等效旋转中心离散距离下标搜索曲线

为了定量分析图像聚集度的变化程度，分别计算图 4 – 5 中三幅图像的对比度和方位向平均 3 dB 宽度，如表 4 – 3 所示。相对于 RD 成像算法，基于本章所提算法获得的 ISAR 图像的方位向平均 3 dB 宽度明显变小，基于 3.5 节所提算法获得的 ISAR 图像的方位向平均 3 dB 宽度也有所降低，但效果低于本章所提算法。基于本章所提算法得到的方位向接近其理论值（由于加了 Hamming 窗，3 dB 宽度理论值约为方位分辨率的 1.3 倍）。同时，本章所提算法获得的图像具有最大的对比度，进一步说明了本章所提算法在提升图像聚焦效果上的优势。

表 4 - 3　图像对比度和方位向 3 dB 宽度对比

对比项	图 4 - 5（b）	图 4 - 5（c）	图 4 - 5（d）
图像对比度	9.34	10.21	11.86
平均方位向 3 dB 宽度/m	0.325	0.304	0.289

4.5.3　基于电磁散射模型的实验结果及分析

本小节基于电磁散射模型开展仿真实验，进一步验证本章所提算法的有效性和鲁棒性。基于典型卫星目标 CAD 模型，通过 PO 法获得目标的电磁散射特性分布数据，本节采用与 3.6.3 节一致的典型卫星目标电磁散射模型，仿真场景和仿真参数设定与 4.5.1 节的一致。

图 4 - 7（a）所示为在成像弧段内，沿"凝视"的等效单基地雷达视线方向上的 CAD 模型，作为对比参考。图 4 - 7（b）所示为基于 RD 算法得到的 ISAR 图像，可以看出图像发生了歪斜，存在线性畸变，且存在散焦，尤其是上下两端和太阳能帆板两侧部分散焦严重。图 4 - 7（c）所示为采用 3.5 节所提算法得到的 ISAR 图像。图 4 - 7（d）所示为采用本章所提算法估计等效旋转中心离散距离下标，并对每一个距离单元完成距离空变畸变项相位补偿、匹配傅里叶变换、定标后得到的 ISAR 图像。

等效旋转中心的离散距离下标的搜索曲线如图 4 - 8 所示，图像对比度最大时对应第 551 个离散距离单元。此等效旋转中心的离散单元相对于包络对齐后的中心——第 512 离散单元（距离波门内共选定 1 024 个有效距离单元）有 39 个距离单元偏移量，导致图 4 - 7（c）、（d）整体横向移动一个固定量（方位脉压时存在循环移位），但这并不影响成像效果和成像质量。对比图 4 - 7（b）、（c）、（d）三幅图像，可以得到与 4.5.2 节一致的结论。基于本章所提算法，可有效校正双基地角时变和转动二次项引入的图像畸变，提高图像聚焦度，基于电磁散射模型的仿真结果进一步证明了本章所提算法的有效性和鲁棒性。

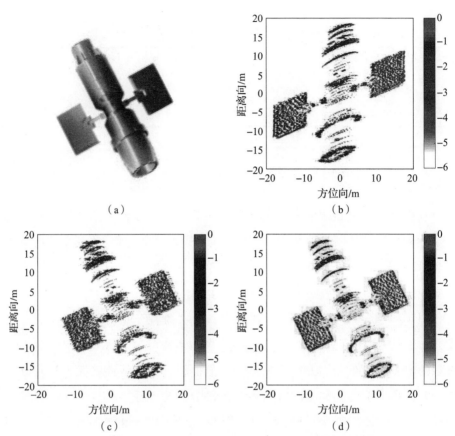

（a）

（b）

（c）

（d）

图 4 - 7　典型卫星 CAD 模型双基地角时变下成像结果（附彩图）

（a）CAD 模型（等效单基地雷达视线方向）；（b）基于 RD 算法的成像结果；

（c）基于 3.5 节所提算法的成像结果；（d）基于本章所提算法的成像结果

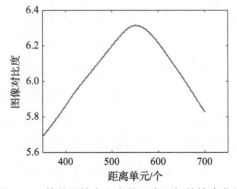

图 4 - 8　等效旋转中心离散距离下标的搜索曲线

4.5.4　鲁棒性验证及分析

如 4.3.4 节中所述，实际获得的事后精密轨道信息含有误差，因此空间目标位置信息是含有误差的，精密轨道信息距离误差在 1～10 m 的量级。与 3.6.4 节类似，假定目标相对于发射雷达站、接收雷达站的距离信息含有 [−5 m,5 m] 均匀分布的随机误差，4.5.1 节中所选成像弧段对应的双基地角误差近似在 [−0.02°,0.02°] 分布，累积转角误差近似在 [−0.003°,0.003°] 内均匀分布。

在此误差条件下，基于散射点模型和电磁散射模型进行了成像仿真，并与文献 [91] 中方法的结果进行对比，以进一步验证本章所提算法在实际误差条件下的鲁棒性和优势。

从图 4−9 (a) 和图 4−10 (a) 可以看出，在此误差条件下，基于文献 [91] 的成像算法存在旁瓣泄露和图像散焦，并且畸变校正也不准确，存在图像失真。这是因为，随机距离误差信息导致双基地角和累积转角均含有均匀分布的随机误差，随机误差信息会降低基于 FFT 的方位压缩效果（FFT 压缩效果对随机误差敏感）。文献 [91] 的越多普勒单元徙动校正假定获得精确的角度信息，当角度信息含有随机误差时，按此方法进行越多普勒单元徙动校正将引入随机误差信息，影响图像横向压缩效果。横向压缩效果的降低将导致无法有效精准获得等效旋转中心的距离坐标，进一步降低图像聚焦效果。同时，由于采用了文献 [94] 的畸变校正方法进行图像像素平移，在误差条件下其畸变效果也不够精确。

从图 4−9 (b) 和图 4−10 (b) 可以看出，在此误差条件下，本章所提算法能有效成像，有效校正图像线性畸变和图像散焦，有效反映目标的真实形状和特征。在此误差条件下，即使每个双基地角和累积转角均存在随机误差，对于相位展开模型的信号模型，基于均方误差最小的约束，也可以精确地估计相应双基地角时变系数和等效旋转速度。基于此，进行距离向空变畸变项相位补偿，估计等效旋转中心和方位向 MFT 压缩，成像更加鲁棒。

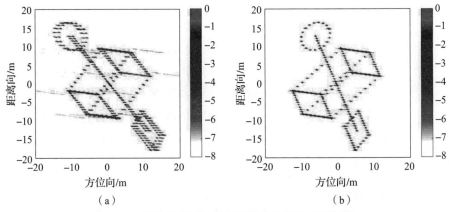

（a） （b）

图 4 - 9　误差条件下散射点模型成像结果（附彩图）

（a）基于文献［91］算法的成像结果；（b）基于本章所提算法的成像结果

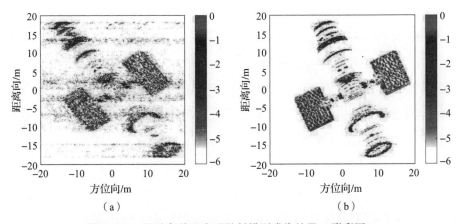

（a） （b）

图 4 - 10　误差条件下电磁散射模型成像结果（附彩图）

（a）基于文献［91］算法的成像结果；（b）基于本章所提算法的成像结果

　　为了进一步说明本章所提成像算法对误差信息的鲁棒性，本节考察在一定双基地角估计误差 $\varepsilon_\beta(t_m)$ 和等效累积转角估计误差 $\varepsilon_\theta(t_m)$ 条件下，双基地时变角系数的估计值 $\hat{K}_0$、$\hat{K}_1$ 和等效转动的角速度 $\hat{\omega}_0$ 的鲁棒性。对于 ISAR 成像，需要考察目标空间位置的变化量与波长的比拟程度，误差相位的数量级一般应与 $\lambda/8$ 相比拟。通过分析各参数相对变化值，可以定量分析参数的估计误差及对成像的影响。因此，进一步定义双基地角时变系

数的相对误差为

$$\varepsilon_{K_i}(\%) = 100 \times \frac{|K_i - \hat{K}_i|}{K_i}, \quad i = 0, 1 \qquad (4-42)$$

定义等效旋转角速度的相对误差为

$$\varepsilon_{\omega_0}(\%) = 100 \times \frac{|\omega_0 - \hat{\omega}_0|}{\omega_0} \qquad (4-43)$$

假定测量误差服从 $[-\Delta\varepsilon/2, \Delta\varepsilon/2]$ 的均匀分布，$\Delta\varepsilon/2$ 代表角度测量误差的最大值。为了验证 $\Delta\varepsilon$ 对双基地角时变 K_0、K_1 估计的影响，将 $\Delta\varepsilon$ 从 0° 到 0.04° 依照步长 0.008° 步进，为了验证 $\Delta\varepsilon$ 对等效旋转速度 ω_0 估计的影响，将 $\Delta\varepsilon$ 从 0° 到 0.006° 依照步长 0.0012° 步进，分别进行 500 次蒙特卡洛仿真，仿真结果如图 4-11 所示。

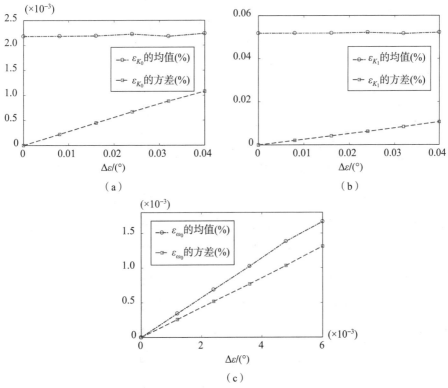

图 4-11　误差条件对参数估计精度的仿真结果（附彩图）

（a）K_0 估计精度；（b）K_1 估计精度；（c）ω_0 估计精度

图 4 – 11 中，蓝色曲线表示均值，红色曲线表示方差。从图中可以看出，当 $\Delta\varepsilon = 0.04°$ 时，ε_{K_0} 的均值和方差分别为 0.002 2% 和 0.001 1%，ε_{K_1} 的均值和方差分别为 0.052 2% 和 0.010 6%。当 $\Delta\varepsilon = 0.006°$ 时，ε_{ω_0} 的均值和方差分别为 0.001 7% 和 0.001 3%。在此角度测量误差情况下，通过均方误差最小方法估计，能获得高精度的 K_0、ω_0 的估计值，具有良好的鲁棒性。

█ 4.6　本章小结

在前一章的基础上，本章进一步考虑转动二次相位项对双基地 ISAR 图像的影响，提出了联合转动二次相位补偿的双基地 ISAR 空间目标成像算法。首先，从相位展开模型出发，分析了双基地角时变和转动二次相位引起双基地 ISAR 图像一次和二次畸变的机理，并指出需要估计等效旋转中心的距离坐标；其次，基于先验信息，通过最小均方误差法估计相应的双基地角时变系数和等效旋转速度，降低随机误差的影响；再次，从信号模型出发，基于图像对比度最大准则估计等效旋转中心距离坐标，并逐距离单元进行时域相位补偿，消除距离空变的线性畸变和二次畸变项，校正图像歪斜，降低沿距离向空变畸变项的影响，通过匹配傅里叶变换实现方位向压缩，消除沿方位向空变的二次畸变项，提高图像聚焦程度；最后，基于理想散射点模型和电磁散射模型进行了仿真实验验证，实验结果表明，本章所提算法可进一步提高双基地 ISAR 图像聚焦度，提升图像质量，并且在实际误差条件下可以获得鲁棒的成像结果，更加适用于实际双基地 ISAR 系统成像。

第5章

基于全贝叶斯推理的
双基地 ISAR 稀疏孔径高分辨成像

■ 5.1 引　言

　　双基地 ISAR 系统中收发雷达异地配置形成了双基地角，这导致其成像分辨率低于相应的单基地 ISAR 系统。一般通过增加相干处理时间来提高双基地 ISAR 的方位分辨率。但对空间目标而言，一些情况下难以获得连续长时间稳定回波。例如：雷达脉冲遭遇干扰或目标发生闪烁，将导致若干脉冲的回波信噪比难以达到成像要求，在后续处理过程中需要舍弃相应回波；多任务多功能双基地 ISAR 系统需要完成一个甚至多个目标的搜索、跟踪和成像任务，在空间目标有限的观测时间内，雷达需要在不同波束形式或不同波束指向间进行切换。这些情况下，对单个目标而言，观测孔径存在不连续性，将导致产生方位向稀疏孔径采样。稀疏孔径对双基地 ISAR 成像提出更大的挑战，主要体现在三方面：其一，稀疏孔径条件下，基于傅里叶变换类算法进行方位向压缩，会导致较高旁瓣、栅瓣及能量泄漏；其二，稀疏孔径导致传统相位自聚焦算法性能下降，难以满足补偿精度要求，将导致产生平动补偿残余相位；其三，在高分辨场景下需要进行越分辨单元徙动校正时，在校正转动引入距离空变二次相位项（越多普勒单元徙动校正）过程中难以准确获得等效旋转中心位置，无法完全校正距离空变二次项引入的散焦，传统的越距离单元徙动校正方法难以克服数据缺失的影响，性能下降[117-118,173]。由此可知，第 3 章和第 4 章所提的在全孔径条件下的成像算法无法直接应用于稀疏孔径的情况。因此，需进一步研究稀疏孔径条件下基于有限脉冲数据的双基地 ISAR 高分辨成像方法。

基于 CS 理论的稀疏孔径高分辨成像，首先要根据特定的雷达场景设计相应的成像模型和与之匹配的稀疏基（稀疏字典），以完成 ISAR 图像稀疏化表示。文献［129］通过瞬时多普勒选择多普勒平稳区间来作为成像区间，基于傅里叶基进行稀疏化表示来实现双基地 ISAR 的稀疏成像。对于非均匀转动的机动目标，文献［122］通过特定的匹配傅里叶基进行稀疏化表示，实现了机动目标稀疏孔径成像。但文献［122］、［129］假定已完全实现相位自聚焦，且没有考虑越距离单元徙动和转动引起的空变二次项的影响。本书课题组朱晓秀等在文献［130］中联合考虑了相位自聚焦和稀疏孔径成像，但假定距离空变相位和距离徙动已经完全补偿，并且需要精确已知双基地角构建稀疏基，应用场景和鲁棒性受限。

同时，CS 稀疏重构算法亦是影响图像质量的关键因素。稀疏重构算法主要可分为三大类，分别是基于迭代的贪婪追踪类算法、基于 l_p 范数的正则化算法和稀疏贝叶斯重构算法。贪婪追踪类算法虽然具有较高的运算效率，但重构精度受限。基于 l_p 范数的正则化算法可提高重构精度，文献［109］、［112］、［174］基于加权 l_1 范数获得了较好的单基地 ISAR 图像。然而，该类算法对正则化参数的选取要求较高，有时需人工调整参数，且容易陷入局部最小值（常见于 $0 < p < 1$ 情况）或结构误差（最优解非最稀疏解，常见于 l_1 范数)[175]。稀疏贝叶斯重构算法能在获得更优稀疏解的同时，自动学习未知参数，其中最大后验概率（maximum a posterior, MAP）估计和分层贝叶斯估计是两种主要的求解方法。在选择合适的稀疏先验的情况下，基于 MAP 估计重构算法可等同于基于 l_p 范数的正则化算法。针对匀速转动目标的单基地 ISAR 稀疏孔径高分辨成像，文献［118］利用

MAP 估计方法将 ISAR 成像问题转化为基于 l_1 范数的稀疏优化问题进行求解，实现了联合越分辨单元徙动校正和相位自聚焦的单基地 ISAR 稀疏孔径高分辨成像。该类求解算法虽进一步改善了成像质量，但没有利用到后验的统计信息，容易引入结构误差。文献［176］基于分层贝叶斯描述稀疏成像模型，实现了单基地 ISAR 平稳目标图像重构及相位自聚焦。不同于 MAP 估计算法，分层贝叶斯估计算法利用完全贝叶斯推理实现求解，可利用后验概率分布统计信息，不容易陷入局部最小且能避免结构性误差。因此，为得到更好的成像质量，本章基于全贝叶斯推理的重构算法，实现双基地 ISAR 图像的稀疏重构。

　　本章基于分层贝叶斯 CS 框架和全贝叶斯推理重构算法，研究联合平动残余相位和越分辨单元徙动校正处理的双基地 ISAR 稀疏孔径成像算法。5.2 节将平动补偿残余相位误差和距离空变补偿残余相位误差（越多普勒单元徙动校正残余误差）建模为观测模型误差，基于匹配傅里叶基对双基地 ISAR 图像进行稀疏化表示；5.3 节提出基于分层复高斯先验（complex Gaussian scale mixture，CGSM）的双基地 ISAR 稀疏高分辨成像方法，通过全贝叶斯推理进行图像重构，并联合迭代相位校正实现残余相位误差校正；5.4 节提出基于复拉普拉斯先验的双基地 ISAR 稀疏高分辨成像方法，并联合实现图像重构和残余相位误差校正；5.5 节基于理想散射点模型和电磁散射模型仿真验证上述成像方法的性能；5.6 节将算法扩展到存在越距离徙动的场景，提出相应的联合越距离徙动校正的稀疏成像算法并给出仿真验证分析；5.7 节对本章内容进行小结。

■ 5.2　双基地 ISAR 稀疏孔径信号模型

　　双基地 ISAR 雷达系统中，在慢时间时刻 t_m 散射点 P 与收发雷达站的瞬时距离 $R_P(t_m)$ 可表示为

$$R_P(t_m) = R_O(t_m) + R_{P\_rot}(t_m) \tag{5-1}$$

式中，$R_O(t_m)$——t_m 时刻目标质心对应的瞬时斜距离；

$R_{P\_rot}(t_m)$——目标等效转动项引起的斜距变化，为对应的转动项。

由于包络对齐要求的精度在距离分辨率的量级（一般对应几十厘米量级），因此在稀疏孔径条件下，传统的包络对齐方法仍然适用，但自聚焦算法的性能下降严重，难以满足精度要求。经过平动补偿（包络对齐和相位自聚焦）后，若存在残余平动相位，散射点 P 的双基地 ISAR 回波信号（即式（4-3））可重新表示为

$$s_P(\hat{t}, t_m) = \sigma_P T_p \cdot \operatorname{sinc}\left(\mu T_p\left(\hat{t} - \frac{R_{P\_rot}(t_m)}{c}\right)\right) \exp\left(-\mathrm{j}2\pi \frac{R_{P\_rot}(t_m)}{\lambda}\right) \exp(\mathrm{j}\varphi_m)$$

$$\tag{5-2}$$

式中，φ_m——第 m 个脉冲的残余平动相位（初相补偿误差）。

根据 4.2 节分析，联合考虑转动二次项和双基地角时变影响，依据式（4-7）所选成像弧段的转动项 $R_{P\_rot}(t_m)$ 可按泰勒展开进行近似，表示为

$$R_{P\_rot}(t_m) \approx 2y_P K_0 + 2y_P K_1 t_m - y_P K_0 \omega_0^2 t_m^2 + 2\omega_0 x_P(K_0 t_m + K_1 t_m^2)$$

$$\tag{5-3}$$

式中，K_0, K_1——双基地角时变系数；

ω_0——等效旋转角速度。

先考虑可忽略越距离单元徙动的场景（距离徙动量走动小于半个距离单元，在 5.6 节将研究需要考虑越距离单元徙动的情况），将式（5-3）代入式（5-2），回波信号可近似为

$$s_P(\hat{t}, t_m) \approx \sigma_P T_p \cdot \operatorname{sinc}\left(\mu T_p\left(\hat{t} - \frac{2y_P K_0}{c}\right)\right) \exp\left(-\mathrm{j}2\pi \frac{2\omega_0 x_P(K_0 t_m + K_1 t_m^2)}{\lambda}\right) \cdot$$

$$\exp\left(-\mathrm{j}4\pi \frac{y_P K_0}{\lambda}\right) \exp\left(-\mathrm{j}2\pi \frac{2y_P K_1 t_m - y_P K_0 \omega_0^2 t_m^2}{\lambda}\right) \exp(\mathrm{j}\varphi_m)$$

$$\approx \tilde{s}_P(\hat{t}, t_m) \exp\left(-\mathrm{j}2\pi \frac{2y_P K_1 t_m - y_P K_0 \omega_0^2 t_m^2}{\lambda}\right) \exp(\mathrm{j}\varphi_m) \tag{5-4}$$

式中，

$$\tilde{s}_P(\hat{t},t_m) = \tilde{\sigma}_P \mathrm{sinc}\left(\mu T_{\mathrm{p}}\left(\hat{t} - \frac{2y_P K_0}{c}\right)\right)\exp\left(-\mathrm{j}2\pi\,\frac{2\omega_0 x_P(K_0 t_m + K_1 t_m^2)}{\lambda}\right)$$

$$(5-5)$$

式（5-5）为不含距离空变相位项和平动残余相位误差的部分，其中 $\tilde{\sigma}_P = \sigma_P T_{\mathrm{p}}\exp(-\mathrm{j}4\pi y_P K_0/\lambda)$。

如 4.3.1 节分析，随距离坐标 y_P 变化的线性相位项（线性畸变项） $\exp(-\mathrm{j}4\pi y_P K_1 t_m/\lambda)$ 将导致图像歪斜，随距离坐标 y_P 变化的二次相位项（二次畸变项）$\exp(\mathrm{j}2\pi y_P K_0 \omega_0^2 t_m^2/\lambda)$ 将导致图像散焦。因此，需要校正距离畸变项，以获得真实的图像形状，降低散焦。其中，需要估计等效旋转中心坐标和相应离散下标，以准确进行距离空变二次畸变项校正。4.3.3 节中基于图像对比度最大准则给出了全孔径条件下等效旋转中心距离坐标的搜索估计方法，然而对于基于傅里叶基类的方位向压缩，稀疏孔径会引起高旁瓣、栅瓣及能量泄漏，导致此等效旋转中心估计方法无法有效实施。

为此，我们将距离波门的中心坐标设置为等效旋转中心距离坐标。假定等效旋转中心真实的离散距离下标为 n_{c}，则由等效旋转中心位置偏移引起的距离误差量为

$$Y_\Delta = (n_{\mathrm{c}} - N/2)\Delta y \qquad (5-6)$$

式中，N——距离波门内选定的有效成像区域对应的距离单元个数（一般可假定 N 为偶数）；

Δy——单个距离单元对应的长度，$\Delta y = c/(2f_{\mathrm{s}}K_0)$。

由此可知，Y_Δ 仅与实际的等效旋转中心离散距离下标 n_{c} 有关，是一个定值。对于线性畸变项校正，等效旋转中心距离坐标偏差仅会引起图像整齐地偏移，并不影响图像质量，只需考虑等效旋转中心距离坐标偏差对二次畸变项的影响。以距离波门中心作为等效旋转中心距离坐标，按照 4.3.1 节的方法通过相位补偿对式（5-4）进行距离畸变相位项校正，校正后的信号可表示为

$$s_P(\hat{t},t_m) \approx \tilde{s}_P(\hat{t},t_m)\exp\left(\frac{-\mathrm{j}4\pi}{\lambda}Y_\Delta K_0 \omega_0^2 t_m^2\right)\exp(\mathrm{j}\varphi_m)$$

$$= \tilde{s}_P(\hat{t},t_m)\exp(\mathrm{j}\phi_m) \qquad (5-7)$$

式中，$\exp(-\mathrm{j}4\pi Y_\Delta K_0 \omega_0^2 t_m^2/\lambda)$ 只与等效旋转中心位置偏移引起的距离误差量 Y_Δ 有关，与散射点的距离坐标无关，换言之，此相位项已消除距离空变性，将距离空变项误差转化为平动残余误差项；更新的平动残余相位项为

$$\phi_m = \varphi_m + 2Y_\Delta K_0 \omega_0^2 t_m^2/\lambda \tag{5-8}$$

若共有 P_all 个散射点，根据式（5-5）和式（5-7），可得相应的总回波信号表达式：

$$
\begin{aligned}
s(\hat{t}, t_m) &= \sum_{P=1}^{P_\mathrm{all}} \tilde{s}_P(\hat{t}, t_m) \exp(\mathrm{j}\phi_m) \\
&= \sum_{P=1}^{P_\mathrm{all}} A_P \exp\left(\frac{-\mathrm{j}4\pi}{\lambda}\omega_0 x_P(K_0 t_m + K_1 t_m^2)\right) \exp(\mathrm{j}\phi_m)
\end{aligned}
$$

$$\tag{5-9}$$

式中，A_P——散射点的复幅度，$A_P = \tilde{\sigma}_P \mathrm{sinc}(\mu T_\mathrm{p}(\hat{t} - 2y_P K_0/c))$。

基于 4.3.2 的分析可以看出，通过选择合适的匹配傅里叶基函数 $\varphi_\mathrm{mft}(t_m) = -(K_0 t_m + K_1 t_m^2)$，将距离畸变项校正后的某距离单元回波数据采用 MFT 进行脉压，可得到一组宽度窄的辛克函数组成的方位像，回波数据在特定的匹配傅里叶域信号具有稀疏性。若 $T = M \cdot \mathrm{PRT}$ 为总的观测时间，M 为全孔径下总的脉冲数。全孔径下方位向分辨率为 $\rho_x = \lambda/(2\omega_0 \varphi_\mathrm{mft}(T))$。全孔径条件下，匹配傅里叶稀疏基矩阵可表示为

$$
\boldsymbol{F}_\mathrm{full} = \begin{bmatrix}
1 & 1 & \cdots & 1 \\
1 & \omega_1^1 & \cdots & \omega_1^{M-1} \\
\vdots & \vdots & & \vdots \\
1 & \omega_{M-1}^1 & \cdots & \omega_{M-1}^{M-1}
\end{bmatrix}_{M \times M} \tag{5-10}
$$

式中，$\omega_l^m = \exp\left(-\mathrm{j}\dfrac{2\pi m\ (K_0 l \cdot \mathrm{PRT} + K_1\ (l \cdot \mathrm{PRT})^2)}{K_0 M \cdot \mathrm{PRT} + K_1\ (M \cdot \mathrm{PRT})^2}\right)$，$l, m = 1, 2, \cdots, M$。

匹配傅里叶变换在考虑特定的积分路径后，其对应的基函数集合 $\{\exp(-\mathrm{j}\omega\varphi(t))\}$ 具有正交性[177]，离散匹配傅里叶稀疏基矩阵具有近似正交性[178]。

　　稀疏孔径通常可归结为随机缺失稀疏孔径形式和块缺失稀疏孔径形式。图 5-1 所示为稀疏孔径模型示意图,其中白色区域和黑色区域分别对应缺失孔径和有效孔径。

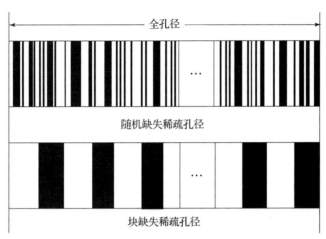

图 5-1　稀疏孔径模型示意图

　　对二维成像场景区域进行离散化,划分后的场景区域包含 $N \times M$ 个方格,其中 N 和 M 分别表示距离和多普勒单元的个数。高分辨成像可将多普勒单元的大小 Δx 设置为全孔径分辨率,$\Delta x = \lambda / (2\omega_0 \varphi_{\mathrm{mft}}(T))$,$\Delta y$ 设置为距离采样单元对应的大小,即 $\Delta y = c / (2f_s K_0)$。假设 S 为稀疏孔径条件下 $L(L < M)$ 个有效孔径回波数据,通过有效孔径选择矩阵 $T \in \mathbb{C}^{L \times M}$,选择和合并有效孔径,获得 L 个有效孔径回波数据。令 I 表示有效孔径选择矩阵 T 选出的有效脉冲索引序列集合,方位向坐标可表示为 $x_i = I_i \Delta x, i \in [1, L]$。基于式(5-9)和式(5-10),并考虑噪声的影响,则稀疏孔径下回波成像的矩阵模型可表示为

$$S = EFA + n \qquad (5-11)$$

式中,S——稀疏孔径下的距离像序列,$S \in \mathbb{C}^{L \times N}$,定义 $S = [S_{\cdot 1}, S_{\cdot 2}, \cdots, S_{\cdot n}]$,其中 $S_{\cdot n} = [S_{I_1 n}, S_{I_2 n}, \cdots, S_{I_L n}]^{\mathrm{T}}$ 表示第 n 个距离单元数据;

　　E——残留相位误差矩阵,$E \in \mathbb{C}^{L \times L}$,$E = [\mathrm{diag}(\exp(\mathrm{j}\phi_{I_1}), \exp(\mathrm{j}\phi_{I_2}), \cdots, \exp(\mathrm{j}\phi_{I_L}))]_{L \times L}$;

F——欠采样稀疏匹配傅里叶基矩阵，$F = TF_{full} \in \mathbb{C}^{L \times M}$，可表示为

$$F = \begin{bmatrix} 1 & \omega_{I_1}^1 & \cdots & \omega_{I_1}^{M-1} \\ 1 & \omega_{I_2}^1 & \cdots & \omega_{I_2}^{M-1} \\ \vdots & \vdots & & \vdots \\ 1 & \omega_{I_L}^1 & \cdots & \omega_{I_L}^{M-1} \end{bmatrix}_{L \times M} \tag{5-12}$$

根据 F_{full} 的近似正交性，F 是欠采样非相干基矩阵，在一定信号先验稀疏度约束和观测信号缺失比条件下，F 满足压缩感知高概率重构所要求的 K – RIP 条件[179]和行列非相干特性要求[122,178]；

A——双基地 ISAR 图像，$A \in \mathbb{C}^{M \times N}$，$A = [A_{\cdot 1}, A_{\cdot 2}, \cdots, A_{\cdot N}]$，其中 $A_{\cdot n} = [A_{1n}, A_{2n}, \cdots, A_{Mn}]^T$ 表示第 n 个距离单元的回波数据所对应的重构方位向；

n——复噪声矩阵，$n \in \mathbb{C}^{L \times N}$。

■ 5.3　基于 CGSM 先验的稀疏孔径高分辨成像

5.3.1　稀疏先验建模

基于统计建模的方法，对式（5-11）进行稀疏孔径成像建模，通过图像像元的稀疏先验约束像元的稀疏度，基于稀疏贝叶斯重构获得图像像元。假设噪声 n 为复高斯白噪声，n 服从零均值，方差为 β^{-1} 的复高斯分布，有 $n \sim C\mathcal{N}(n \mid 0, \beta^{-1}I)$，则回波一维像序列 S 的似然函数也符合复高斯分布，可写为

$$\begin{aligned} P(S \mid A, \beta; E) &= \prod_{n=1}^{N} C\mathcal{N}(S_{\cdot n} \mid EFA_{\cdot n}, \beta^{-1}I) \\ &= \pi^{-N}\beta^N \exp(-\beta \parallel S - EFA \parallel_F^2) \end{aligned} \tag{5-13}$$

式中，I——单位矩阵。

为便于进行贝叶斯推理，假设 β 服从与高斯先验共轭的伽马分布，即

$$p(\beta) = \mathrm{Gamma}(\beta \mid a,b) \qquad\qquad (5-14)$$

式中，$\mathrm{Gamma}(\alpha \mid a,b) = \Gamma(a)^{-1}b^{a}\alpha^{a-1}\mathrm{e}^{-b\alpha}$，伽马函数 $\Gamma(a) = \int_{0}^{\infty}t^{\alpha-1}\mathrm{e}^{-t}\mathrm{d}t$。为了得到噪声功率的无信息先验，一般将 a、b 设置为很小的值，如 $a = b = 10^{-4}$。

假设目标图像 $\boldsymbol{A}$ 各像元服从 CGSM 先验[180]，CGSM 先验是由复高斯先验与伽马先验两层先验构成的。首先，假设目标图像 $\boldsymbol{A}$ 中每个独立像元 $A_{mn}(m=1,2,\cdots,M;n=1,2,\cdots,N)$ 服从零均值复高斯分布，且方差的倒数为 λ_{mn}（尺度因子），系数之间是相互独立分布的，则目标图像 $\boldsymbol{A}$ 的条件概率密度函数为

$$p(\boldsymbol{A}\mid\boldsymbol{\lambda}) = \prod_{n=1}^{N}\mathcal{CN}(\boldsymbol{A}_{\cdot n}\mid 0,\boldsymbol{\lambda}_{\cdot n}^{-1}) = \prod_{n=1}^{N}\prod_{m=1}^{M}\mathcal{CN}(A_{m,n}\mid 0,\boldsymbol{\lambda}_{\cdot n}^{-1})$$

$$= \prod_{n=1}^{N}\prod_{m=1}^{M}\pi^{-1}\lambda_{mn}\exp(-\lambda_{mn}A_{mn}^{2}) \qquad\qquad (5-15)$$

对任意一个距离单元的回波数据所对应的重构图像 $\boldsymbol{A}_{\cdot n}$ 而言，对其超参数 $\boldsymbol{\lambda}_{\cdot n}$ 添加一层相互独立的伽马分布，则 $\boldsymbol{\lambda}_{\cdot n}$ 的概率密度函数为

$$p(\boldsymbol{\lambda}_{\cdot n};c,d) = \prod_{m=1}^{M}\mathrm{Gamma}(\lambda_{mn}\mid c,d) \qquad\qquad (5-16)$$

为了得到超参数 $\boldsymbol{\lambda}_{\cdot n}$ 的无信息先验，一般将参数 c、d 设置为很小的值，（如 $c=d=10^{-4}$），此时稀疏先验为两层贝叶斯概率模型。图 5-2 给出了基于此先验的概率图模型。

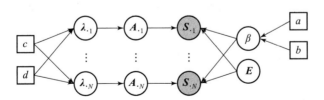

图 5-2　基于复高斯先验的两层贝叶斯稀疏成像概率图模型

可以看出，此时的目标图像像元并不服从单一的复高斯分布，而是服

从复高斯分布与伽马分布联合的两层先验分布（其关于尺度因子 $\boldsymbol{\lambda}_{\cdot n}$ 的边缘分布符合联合 $student-t$ 分布）[181]，这样的分层复高斯分布先验模型能具有更强的稀疏促进作用。

5.3.2 基于 VB – EM 的图像像元重构

由于目标图像的每一列 $\boldsymbol{A}_{\cdot n}$ 是相互独立的，因此可以利用每一列距离单元数据 $\boldsymbol{S}_{\cdot n}$ 按距离单元进行重构。对于某特定距离单元数据 $\boldsymbol{S}_{\cdot n}$，式（5 – 11）可表示为

$$\boldsymbol{S}_{\cdot n} = \boldsymbol{EFA}_{\cdot n} + \boldsymbol{n}_{\cdot n} \qquad (5-17)$$

变分贝叶斯（variational Bayesian，VB）方法假定所有未知变量的联合后验概率密度相互独立，可高精度近似求解后验概率，且有较高的计算效率。基于 VB 方法，未知变量联合后验概率可因式分解为

$$p(\boldsymbol{A}_{\cdot n}, \boldsymbol{\lambda}_{\cdot n}, \beta \mid \boldsymbol{S}_{\cdot n}; \boldsymbol{E}) \approx q(\boldsymbol{A}_{\cdot n}) q(\boldsymbol{\lambda}_{\cdot n}) q(\beta) \qquad (5-18)$$

式中，$q(\boldsymbol{A}_{\cdot n})$，$q(\boldsymbol{\lambda}_{\cdot n})$ 和 $q(\beta)$ 分别表示 $\boldsymbol{A}_{\cdot n}$，$\boldsymbol{\lambda}_{\cdot n}$ 和 β 的后验概率密度估计。然后，对数域利用变分贝叶斯期望最大（variational Bayesian expectation maximization，VB – EM）方法求解这三个后验概率密度估计。

对于 $\log q(\boldsymbol{A}_{\cdot n})$ 利用期望最大化（expatation maximization，EM），可得

$$\log q(\boldsymbol{A}_{\cdot n}) = \langle \log p(\boldsymbol{S}_{\cdot n}, \boldsymbol{A}_{\cdot n}, \boldsymbol{\lambda}_{\cdot n}, \beta; \boldsymbol{E}) \rangle_{q(\boldsymbol{\lambda}_{\cdot n}) q(\beta)} + \text{const}$$
$$= \langle \log p(\boldsymbol{S}_{\cdot n} \mid \boldsymbol{A}_{\cdot n}, \beta; \boldsymbol{E}) + \log p(\boldsymbol{A}_{\cdot n} \mid \boldsymbol{\lambda}_{\cdot n}) \rangle_{q(\boldsymbol{\lambda}_{\cdot n}) q(\beta)} + \text{const}$$
$$(5-19)$$

式中，$\langle \ \rangle_{q(\boldsymbol{\lambda}_{\cdot n}) q(\beta)}$——关于 $q(\boldsymbol{\lambda}_{\cdot n})$，$q(\beta)$ 的期望；

const——常数项。

将式（5 – 13）、式（5 – 15）代入式（5 – 19），只保留 $\boldsymbol{A}$ 的相关项并忽略常数项，可得

$$\log q(\boldsymbol{A}_{\cdot n}) \propto \langle \log p(\boldsymbol{S}_{\cdot n} \mid \boldsymbol{A}_{\cdot n}, \beta; \boldsymbol{E}) + \log p(\boldsymbol{A}_{\cdot n} \mid \boldsymbol{\lambda}_{\cdot n}) \rangle_{q(\boldsymbol{\lambda}_{\cdot n}) q(\beta)}$$
$$\propto -\langle \beta \rangle \parallel \boldsymbol{S}_{\cdot n} - \boldsymbol{EFA}_{\cdot n} \parallel_2^2 - \prod_{m=1}^{M} \langle \lambda_{mn} \rangle A_{mn}^2 \qquad (5-20)$$

$\log q(\boldsymbol{A}_{\cdot n})$关于$\boldsymbol{A}_{\cdot n}$的一阶导数为

$$\nabla_{\boldsymbol{A}_{\cdot n}} \log q(\boldsymbol{A}_{\cdot n}) = -2(\langle \beta \rangle \boldsymbol{F}^{\mathrm{H}} \boldsymbol{F} + \boldsymbol{\Lambda}_{\cdot n}) \boldsymbol{A}_{\cdot n} + 2\langle \beta \rangle \boldsymbol{F}^{\mathrm{H}} \boldsymbol{E}^{\mathrm{H}} \boldsymbol{S}_{\cdot n}$$

$$(5-21)$$

式中，$\boldsymbol{\Lambda}_{\cdot n}$——由超参数$\lambda_{mn}$（$m = 1,2,\cdots,M$）的期望值组成的对角矩阵，$\boldsymbol{\Lambda}_{\cdot n} = \mathrm{diag}(\langle \lambda_{1n} \rangle, \langle \lambda_{2n} \rangle, \cdots, \langle \lambda_{Mn} \rangle)$。

令$\nabla_{\boldsymbol{A}_{\cdot n}} \log q(\boldsymbol{A}_{\cdot n}) = 0$，可以得到$\boldsymbol{A}_{\cdot n}$的估计值为

$$\hat{\boldsymbol{A}}_{\cdot n}^{\mathrm{MAP}} = \langle \beta \rangle (\langle \beta \rangle \boldsymbol{F}^{\mathrm{H}} \boldsymbol{F} + \boldsymbol{\Lambda}_{\cdot n})^{-1} \boldsymbol{F}^{\mathrm{H}} \boldsymbol{E}^{\mathrm{H}} \boldsymbol{S}_{\cdot n} \qquad (5-22)$$

则可将$q(\boldsymbol{A}_{\cdot n})$看作服从均值为$\boldsymbol{\mu}_{\cdot n}$、协方差为$\boldsymbol{\Sigma}_n$的复高斯分布，即$q(\boldsymbol{A}_{\cdot n}) = \mathcal{CN}(\boldsymbol{A}_{\cdot n} | \boldsymbol{\mu}_n, \boldsymbol{\Sigma}_n)$，其中，

$$\boldsymbol{\mu}_{\cdot n} = \hat{\boldsymbol{A}}_{\cdot n}^{\mathrm{MAP}} = \langle \beta \rangle \boldsymbol{\Sigma}_n \boldsymbol{F}^{\mathrm{H}} \boldsymbol{E}^{\mathrm{H}} \boldsymbol{S}_{\cdot n} \qquad (5-23)$$

$$\boldsymbol{\Sigma}_n = (\langle \beta \rangle \boldsymbol{F}^{\mathrm{H}} \boldsymbol{F} + \boldsymbol{\Lambda}_{\cdot n})^{-1} \qquad (5-24)$$

均值$\boldsymbol{\mu}_{\cdot n}$为所求距离单元的方位像$\hat{\boldsymbol{A}}_{\cdot n}$的估计值，则重构的目标图像为$\hat{\boldsymbol{A}} = [\boldsymbol{\mu}_{\cdot 1} \quad \boldsymbol{\mu}_{\cdot 2} \quad \cdots \quad \boldsymbol{\mu}_{\cdot N}]$。

对于$q(\boldsymbol{\lambda}_{\cdot n})$，利用 EM 思想可得

$$\begin{aligned} \log q(\boldsymbol{\lambda}_{\cdot n}) &= \langle \log p(\boldsymbol{S}_{\cdot n}, \boldsymbol{A}_{\cdot n}, \boldsymbol{\lambda}_{\cdot n}, \beta; \boldsymbol{E}) \rangle_{q(\boldsymbol{A}_{\cdot n})q(\beta)} + \mathrm{const} \\ &= \langle \log p(\boldsymbol{\lambda}_{\cdot n} | c, d) + \log p(\boldsymbol{A}_{\cdot n} | \boldsymbol{\lambda}_{\cdot n}) \rangle_{q(\boldsymbol{A}_{\cdot n})q(\beta)} + \mathrm{const} \end{aligned}$$

$$(5-25)$$

将式（5-15）、式（5-16）代入式（5-25），只保留$\boldsymbol{\lambda}_{\cdot n}$的相关项，且忽略常数项，可得

$$\begin{aligned} \log q(\boldsymbol{\lambda}_{\cdot n}) &\propto \langle \log p(\boldsymbol{\lambda}_{\cdot n} | c, d) + \log p(\boldsymbol{A}_{\cdot n} | \boldsymbol{\lambda}_{\cdot n}) \rangle_{q(\boldsymbol{A}_{\cdot n})q(\beta)} \\ &\propto (c-1) \sum_{m=1}^{M} \log \lambda_{mn} - d \sum_{m=1}^{M} \lambda_{mn} + \sum_{m=1}^{M} \log \lambda_{mn} - \sum_{m=1}^{M} \lambda_{mn} \langle A_{mn}^2 \rangle \\ &\propto (c+1-1) \sum_{m=1}^{M} \log \lambda_{mn} - \sum_{m=1}^{M} (d + \langle A_{mn}^2 \rangle) \lambda_{mn} \qquad (5-26) \end{aligned}$$

因此，$\boldsymbol{\lambda}_{\cdot n}$的后验概率密度$q(\boldsymbol{\lambda}_{\cdot n})$服从伽马分布，即

$$q(\boldsymbol{\lambda}_{\cdot n}) = \prod_{m=1}^{M} \mathrm{Gamma}(\lambda_{mn} | \tilde{c}, \tilde{d}_{mn}) \qquad (5-27)$$

式中，$\tilde{c} = c + 1$，$\tilde{d}_{mn} = d + \langle A_{m,n}^2 \rangle$，$\langle A_{mn}^2 \rangle = \mu_{mn}^* \mu_{mn} + \Sigma_{n-mm}$，$\Sigma_{n-mm}$ 表示矩阵 Σ_n 中的第（m,m）个元素值（即对角线上的元素），$m = 1,2,\cdots,M$。

同理，对于 $q(\beta)$，利用 EM 思想可以得到

$$
\begin{aligned}
\log q(\beta) &\propto \langle \log p(\boldsymbol{S}_{\cdot n} \mid \boldsymbol{A}_{\cdot n}, \beta; \boldsymbol{E}) + \log p(\beta \mid a, b) \rangle_{q(\boldsymbol{A}_{\cdot n})q(\boldsymbol{\lambda}_{\cdot n})} \\
&\propto N\log\beta - \beta \langle \parallel \boldsymbol{S}_{\cdot n} - \boldsymbol{EFA}_{\cdot n} \parallel_2^2 \rangle + (a-1)\log\beta - b\beta \\
&\propto (a + N - 1)\log\beta - (b + \langle \parallel \boldsymbol{S}_{\cdot n} - \boldsymbol{EFA}_{\cdot n} \parallel_2^2 \rangle)\beta
\end{aligned} \tag{5-28}
$$

因此，β 的后验概率密度 $q(\beta)$ 也服从伽马分布，即

$$
q(\beta) = \mathrm{Gamma}(\beta \mid \tilde{a}, \tilde{b}) \tag{5-29}
$$

式中，$\tilde{a} = a + N$；$\tilde{b} = b + \langle \parallel \boldsymbol{S}_{\cdot n} - \boldsymbol{EFA}_{\cdot n} \parallel_2^2 \rangle$，$\langle \parallel \boldsymbol{S}_{\cdot n} - \boldsymbol{EFA}_{\cdot n} \parallel_2^2 \rangle = \parallel \boldsymbol{S}_{\cdot n} - \boldsymbol{EF}\boldsymbol{\mu}_{\cdot n} \parallel_2^2 + \mathrm{tr}(\boldsymbol{F}^{\mathrm{H}} \boldsymbol{E}^{\mathrm{H}} \boldsymbol{EF}\boldsymbol{\Sigma}_n)$。

在完全贝叶斯推理中，后验概率的期望一般作为未知变量的估计，即可利用后验概率密度 $q(\boldsymbol{A}_{\cdot n})$、$q(\boldsymbol{\lambda}_{\cdot n})$ 和 $q(\beta)$ 的期望值来估计变量 $\boldsymbol{A}$、$\boldsymbol{\lambda}$ 和 β。由于 $q(\boldsymbol{A}_{\cdot n})$ 服从复高斯分布，$q(\boldsymbol{\lambda}_{\cdot n})$ 和 $q(\beta)$ 均服从伽马分布，可以得到相应的估计值为

$$
\langle \boldsymbol{A}_{\cdot n} \rangle = \boldsymbol{\mu}_{\cdot n} = \langle \beta \rangle \boldsymbol{\Sigma}_n \boldsymbol{F}^{\mathrm{H}} \boldsymbol{E}^{\mathrm{H}} \boldsymbol{S}_{\cdot n} \tag{5-30}
$$

$$
\langle \lambda_{mn} \rangle = \frac{\tilde{c}}{\tilde{d}_{mn}} = \frac{c+1}{d + \langle A_{mn}^2 \rangle} \tag{5-31}
$$

$$
\langle \beta \rangle = \frac{\tilde{a}}{\tilde{b}} = \frac{a+N}{b + \langle \parallel \boldsymbol{S}_{\cdot n} - \boldsymbol{EFA}_{\cdot n} \parallel_2^2 \rangle} \tag{5-32}
$$

基于式（5-30）~式（5-32），可分别迭代更新 $\boldsymbol{A}$、$\boldsymbol{\lambda}$ 和 β。

5.3.3　残余相位误差校正

由于稀疏孔径导致的回波数据不连续性，在此场景下传统的相位自聚焦算法性能下降。基于此，本节首先通过加权最小二乘自聚焦算法进行初相误差的粗补偿。不同于梯度类自聚焦算法，加权最小二乘自聚焦算法

属于最大似然估计，并不会引入显著的额外线性相位[109]。然后，在假定等效旋转中心距离坐标基础上进行距离空变相位校正。由式（5 - 7）可知，距离空变相位校正后，相位中只含有等效的残余平动相位误差；由式（5 - 8）可知，此时残余相位误差由平动补偿残余误差和基于假定等效旋转中心进行距离空变校正后的残余相位误差组成。最后，在粗补偿和距离空变相位校正的基础上，结合稀疏图像迭代过程进行相位精补偿。

在稀疏迭代成像过程中，求解迭代图像的信息（幅度和相位）不断接近真实图像的信息。相位精补偿的增益来源于稀疏迭代成像过程，迭代图像信息逐步逼近真实图像信息的增益。

在第 g 次迭代中估计的图像为 $\hat{A}^{(g+1)}$，则 $\hat{S}_{k.}^{(g+1)} = F_k . \hat{A}^{(g+1)}$ 表示估计图像 $\hat{A}^{(g+1)}$ 对应数据 $\hat{S}^{(g+1)}$ 的第 k 行。基于最大似然法对粗补偿后的相位误差进行估计，那么第 k 个脉冲回波的相位误差估计代价函数为

$$\hat{E}^{(g+1)}(k,k) = \arg \min_{E^{(g)}(k,k)} \| S_k . - \hat{E}^{(g)}(k,k) \hat{S}_{k.}^{(g+1)} \|_2^2$$

$$= \arg \min_{E^{(g)}(k,k)} \mathrm{tr}(S_k . S_{k.}^{H} + \hat{S}_k^{(g+1)}(\hat{S}_k^{(g+1)})^{H} - 2\hat{E}^{(g)}(k,k)\hat{S}_{k.}^{(g+1)} S_{k.}^{H})$$

$$(5 - 33)$$

式中，$\hat{S}_{k.}^{(g+1)}(\hat{S}_{k.}^{(g+1)})^{H}$——矢量内积。

由式（5 - 33）可知，可通过最大化项 $\hat{E}^{(g)}(k,k)\hat{S}_{k.}^{(g+1)} S_{k.}^{H}$ 实现代价函数求解，因此残余相位误差的更新表达式为

$$\hat{E}^{(g+1)}(k,k) = \mathrm{conj}(S_{k.}^{(g+1)} S_{k.}^{H} . / |S_{k.}^{(g+1)} S_{k.}^{H} .|)$$

$$= \mathrm{conj}\left(\frac{F_k . [\boldsymbol{\mu}_{.1} \quad \boldsymbol{\mu}_{.2} \quad \cdots \quad \boldsymbol{\mu}_{.N}]^{(g+1)} S_{k.}^{H}}{|F_k . [\boldsymbol{\mu}_{.1} \quad \boldsymbol{\mu}_{.2} \quad \cdots \quad \boldsymbol{\mu}_{.N}]^{(g+1)} S_{k.}^{H}|} \right) \quad (5 - 34)$$

式中，conj( )——求复数的相位。

求得相位误差 $\hat{E}^{(g+1)}$ 后，利用式 $(\hat{E}^{(g+1)})^{H} S$ 进行相位补偿，实现残余相位误差校正，并基于 $(\hat{E}^{(g+1)})^{H} S = F\hat{A}^{(g+1)} + n$ 进行下一次迭代求解目标图像。

5.3.4　算法流程

综合上述分析，对选定成像弧段双基地 ISAR 稀疏孔径回波进行距离维脉冲压缩，并基于最大互相关法进行包络对齐，基于加权最小二乘自聚焦进行初步校正平动相位误差，假定波门中心为等效旋转中心距离坐标，进行距离空变相位补偿，得到仅含有残余平动误差的回波数据，以距离空变相位校正后的回波数据作为输入。图 5-3 所示为基于 CGSM 先验，联合全贝叶斯推理图像重构和残余相位误差校正的稀疏孔径高分辨成像算法流程。

具体步骤如下：

第 1 步，输入距离空变相位补偿后的有效二维回波数据 S，基于式（5-12）构造有效压缩测量矩阵 F，初始化超参数 $a = b = c = d = 10^{-4}$，$g = 1$，设定总迭代次数 $G = 50$，初始化 $E_0 = I_L$，$\lambda_0 = 1/|A_0|$，$A_0 = F^H E_0^H S$，设置门限 eps。

第 2 步，基于 $S_{\text{com}} = E^H S$，通过 E 进行残余相位误差校正。

第 3 步，逐个距离单元进行稀疏求解，初始化 $\beta_0 = 1/\text{var}(S_{.n})$，根据式（5-24）、式（5-30）~ 式（5-32）分别更新 $\Sigma_n^{(g+1)}$、$A_{.n}^{(g+1)}$、$\lambda_{.n}^{(g+1)}$ 和 $\beta^{(g+1)}$，循环求解 N 个距离单元对应图像像元，最终得到一次迭代重构的图像 $\hat{A}^{(g+1)} = [\boldsymbol{\mu}_{.1} \quad \boldsymbol{\mu}_{.2} \quad \cdots \quad \boldsymbol{\mu}_{.N}]^{(g+1)}$。

第 4 步，基于 $\hat{S}^{(g+1)} = F\hat{A}^{(g+1)}$ 获得估计图像对应的回波数据，通过式（5-34）逐脉冲估计相位误差，得到新的相位误差估计矩阵 $\hat{E}^{(g+1)}$。

第 5 步，当迭代次数达到设定值 G 或相邻的图像估计满足 $\|\hat{A}^{(g+1)} - \hat{A}^{(g)}\|_2 / \|\hat{A}^{(g)}\|_2 < \text{eps}$ 时，满足迭代终止条件，输出重构的图像 $\hat{A}$；否则，转到第 2 步进行下一次迭代。

接下来，对算法的复杂度进行简要分析，在第 g 次迭代中每一个距离单元稀疏求解过程中，由于 $F \in \mathbb{C}^{L \times M}$，$\Lambda_{.n} \in \mathbb{C}^{M \times M}$，$\Sigma_n \in \mathbb{C}^{M \times M}$，$E \in$

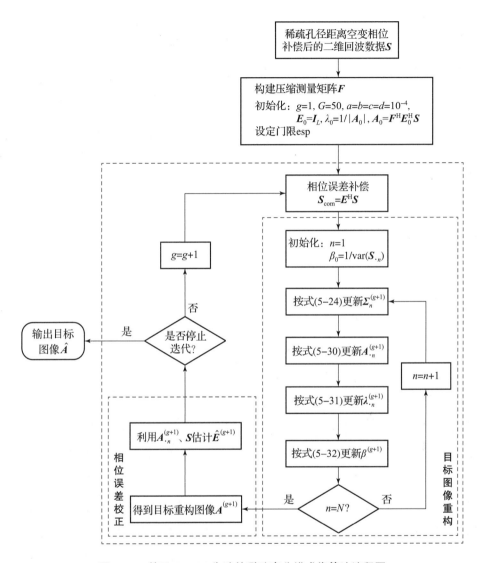

图 5 – 3　基于 CGSM 先验的稀疏高分辨成像算法流程图

$\mathbb{C}^{L\times L}$，$\boldsymbol{S}_{\cdot n}\in\mathbb{C}^{L\times 1}$，则通过式（5 – 24）、式（5 – 30）求解 $\boldsymbol{\Sigma}_n^{(g+1)}$、$\boldsymbol{A}_{\cdot n}^{(g+1)}$ 的运算量分别为 $O(M^3+LM^2)$，$O(LM^2+ML^2+ML)$，通过式（5 – 31）和式（5 – 32）求解 $\boldsymbol{\lambda}_{\cdot n}^{(g+1)}$ 和 $\beta^{(g+1)}$ 的运算量分别为 $O(M)$ 和 $O(LM^2)$，通过式（5 – 34）逐脉冲估计残余相位误差的运算量 $O(NLM)$，G 次迭代对应的

总运算量为 $O(GN(M^3 + 3LM^2 + ML^2 + M + 2LM))$，可将式 $(5-24)$ $\boldsymbol{\Sigma}_n =$ $(\langle\beta\rangle\boldsymbol{F}^{\mathrm{H}}\boldsymbol{F} + \boldsymbol{\Lambda}_n)^{-1}$ 基于 Woodbury 公式进一步转化为 $\boldsymbol{\Sigma}_n = \boldsymbol{\Lambda}_{\cdot n}^{-1} - \boldsymbol{\Lambda}_{\cdot n}^{-1}\boldsymbol{F}^{\mathrm{H}} \cdot$ $(\langle\beta\rangle^{-1}\boldsymbol{I} + \boldsymbol{F}\boldsymbol{\Lambda}_{\cdot n}^{-1}\boldsymbol{F}^{\mathrm{H}})^{-1}\boldsymbol{F}\boldsymbol{\Lambda}_{\cdot n}^{-1}$，以降低运算量。

▨ 5.4 基于复拉普拉斯先验的稀孔径高分辨成像

5.4.1 稀疏先验建模

复杂目标上相应散射中心（散射点）在高频电磁环境中的散射系数分布符合"尖峰重尾"的特征。5.3.1 节中通过分层建模，分别假定像元符合复高斯先验、高斯分布方差的倒数符合伽马分布，使得像元边缘分布符合 $\mathrm{student}-t$ 分布，较好地表征了信号的稀疏性，并结合观测噪声符合复高斯分布，可获得像元的后验概率解析解。相比于 $\mathrm{student}-t$ 分布，拉普拉斯分布的概率密度函数具有更尖的峰值（零值附近概率更大）和更厚的尾部（拖尾更高，偶尔出现大值的概率更高）。复拉普拉斯分布（实部和虚部建模为同分布的拉普拉斯分布）可更好地刻画散射特性的分布特征，表征信号的稀疏特性。虽然，拉普拉斯分布先验并非观测噪声（对应观测模型的似然函数为高斯分布（即式 $(5-13)$）的共轭先验分布，但可基于尺度混合理论[182]，通过指数分布和高斯分布的混合表示拉普拉斯分布[183-184]。

假设观测噪声仍符合零均值复高斯先验模型，首先假定图像 $\boldsymbol{A}$ 中每个像元 $A_{mn}(m=1,2,\cdots,M; n=1,2,\cdots,N)$ 服从独立的零均值复高斯同分布，且方差的倒数为 λ_{mn}（尺度因子），像元 A_{mn} 的概率密度分布为

$$p(A_{mn} \mid \lambda_{mn}) = C\mathcal{N}(0, \lambda_{mn}^{-1}) \tag{5-35}$$

对尺度因子 λ_{mn} 可采用如下指数分布约束[183]：

$$p(\lambda_{mn}^{-1} \mid \zeta) = \mathrm{Gamma}(\lambda_{mn}^{-1} \mid 1, \zeta/2)$$

$$= \frac{\zeta}{2}\exp\!\left(-\frac{\zeta\lambda_{mn}^{-1}}{2}\right), \quad \lambda_{mn}^{-1}\geq 0, \zeta\geq 0 \qquad (5-36)$$

联合式（5-35）和式（5-36），可得新的分层联合概率分布：

$$p(\boldsymbol{A} \mid \zeta) = \int p(\boldsymbol{A} \mid \boldsymbol{\lambda})p(\boldsymbol{\lambda} \mid \zeta)\,\mathrm{d}\boldsymbol{\lambda} = \prod_{m=1,n=1}^{M,N}\int p(A_{mn} \mid \lambda_{mn}^{-1})p(\lambda_{mn}^{-1} \mid \zeta)\,\mathrm{d}\lambda_{mn}^{-1}$$

$$= \frac{\zeta^{MN/2}}{2^{MN}}\exp\!\left(-\sqrt{\zeta}\sum_{m,n}|A_{mn}|\right) \qquad (5-37)$$

基于尺度混合理论，通过分层约束，图像像元符合复拉普拉斯先验。对 ζ 施加伽马先验分布

$$(\zeta \mid \xi) = \mathrm{Gamma}(\zeta \mid \xi/2, \xi/2) \qquad (5-38)$$

基于此分布，ζ 可获得相对灵活的取值范围。基于式（5-37）和式（5-38）可知，拉普拉斯先验可通过三层贝叶斯概率模型实现，图 5-4 所示为基于复拉普拉斯先验的稀疏成像概率图模型。

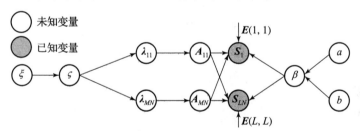

图 5-4　基于复拉普拉斯先验的三层贝叶斯稀疏成像概率图模型

基于 $\xi \to \zeta \to \lambda_{mn} \to A_{mn}$ 分层概率模型，完成稀疏先验约束。不同的像元相互独立，而每个像元对应的尺度因子服从相同的指数分布。

5.4.2　目标图像重构

残余平动相位误差矩阵 $\boldsymbol{E}$ 表示对每个脉冲的影响，其对每一个距离单元信号的影响是一致的，每一个距离单元对应的像元是相互独立的。由此，对于某特定的相位误差矩阵 $\boldsymbol{E}$ 和距离单元数据 $\boldsymbol{S}_{\cdot n}$，式（5-11）可进一步表示为

$$E^{\mathrm{H}}S_{\cdot n} = FA_{\cdot n} + n_{\cdot n} \tag{5-39}$$

式中，$E^{\mathrm{H}}S_{\cdot n}$——校正残余平动误差后的数据。

全贝叶斯推理需要获得未知变量的联合后验分布，根据贝叶斯公式，未知变量的联合后验分布为

$$
\begin{aligned}
p(A_{\cdot n}, \lambda_{\cdot n}, \zeta, \beta \mid E^{\mathrm{H}}S_{\cdot n}) &= \frac{p(A_{\cdot n}, \lambda_{\cdot n}, \zeta, \beta, E^{\mathrm{H}}S_{\cdot n})}{p(E^{\mathrm{H}}S_{\cdot n})} \\
&= \frac{p(A_{\cdot n}, \lambda_{\cdot n}, \zeta, \beta, E^{\mathrm{H}}S_{\cdot n})}{\iiiint p(A_{\cdot n}, \lambda_{\cdot n}, \zeta, \beta, E^{\mathrm{H}}S_{\cdot n}) \mathrm{d}A_{\cdot n} \mathrm{d}\lambda_{\cdot n} \mathrm{d}\zeta \mathrm{d}\beta}
\end{aligned}
\tag{5-40}
$$

式（5-40）中，难以获得分母对应的联合概率分布积分的解析解，根据贝叶斯规则，给定 $\lambda_{\cdot n}$、ζ、β，特定距离单元对应像元的后验分布可展开为

$$p(A_{\cdot n}, \lambda_{\cdot n}, \zeta, \beta \mid E^{\mathrm{H}}S_{\cdot n}) = p(A_{\cdot n} \mid E^{\mathrm{H}}S_{\cdot n}, \lambda_{\cdot n}, \zeta, \beta) p(\lambda_{\cdot n}, \zeta, \beta \mid E^{\mathrm{H}}S_{\cdot n}) \tag{5-41}$$

式（5-41）中，$p(A_{\cdot n} \mid E^{\mathrm{H}}S_{\cdot n}, \lambda_{\cdot n}, \zeta, \beta) \propto p(A_{\cdot n}, \lambda_{\cdot n}, \zeta, \beta, E^{\mathrm{H}}S_{\cdot n})$，根据式（5-22），则 $p(A_{\cdot n} \mid E^{\mathrm{H}}S_{\cdot n}, \lambda_{\cdot n}, \zeta, \beta)$ 可看作服从均值为 $\mu_{\cdot n}$、协方差为 Σ_n 的复高斯分布，即有 $p(A_{\cdot n} \mid E^{\mathrm{H}}S_{\cdot n}, \lambda_{\cdot n}, \zeta, \beta) \sim C\mathcal{N}(A_{\cdot n} \mid \mu_n, \Sigma_n)$，其中，

$$\mu_n = \beta \Sigma_n F^{\mathrm{H}} E^{\mathrm{H}} S_{\cdot n} \tag{5-42}$$

$$\Sigma_n = (\beta F^{\mathrm{H}} F + \Lambda_n)^{-1} \tag{5-43}$$

式中，$\Lambda_n = \mathrm{diag}(\lambda_{1n}, \lambda_{2n}, \cdots, \lambda_{Mn})$ 为对角阵，由超参数 $\lambda_{1n}, \lambda_{2n}, \cdots, \lambda_{Mn}$ 组成。均值 $\mu_{\cdot n}$ 为所求距离单元的方位像 $\hat{A}_{\cdot n}$ 的估计值，重构的目标图像为 $\hat{A} = [\mu_{\cdot 1} \quad \mu_{\cdot 2} \quad \cdots \quad \mu_{\cdot N}]$。

上述过程假定已获得超参数 $\lambda_{\cdot n}, \zeta, \beta$，因此需要进一步求解 $\lambda_{\cdot n}, \zeta, \beta$，以获得目标图像。可利用式（5-41）中 $p(\lambda_{\cdot n}, \zeta, \beta \mid E^{\mathrm{H}}S_{\cdot n})$ 进一步估计超参数 $\lambda_{\cdot n}, \zeta, \beta$。根据贝叶斯准则 $p(\lambda_{\cdot n}, \zeta, \beta \mid E^{\mathrm{H}}S_{\cdot n}) \propto p(\lambda_{\cdot n}, \zeta, \beta,$

$E^{\mathrm{H}}S_{\cdot n}$），可通过在对数域最大化联合分布 $p(\boldsymbol{\lambda}_{\cdot n},\zeta,\beta,E^{\mathrm{H}}S_{\cdot n})$，估计 $\boldsymbol{\lambda}_{\cdot n}$、$\zeta$、$\beta$，忽略常数项，定义目标函数如下：

$$L(\lambda_{in},\zeta,\beta) = \log\int p(\boldsymbol{E}^{\mathrm{H}}\boldsymbol{S}_{\cdot n} \mid \boldsymbol{\lambda}_{\cdot n},\beta)p(\boldsymbol{A}_{\cdot n} \mid \boldsymbol{\lambda}_{\cdot n})p(\boldsymbol{\lambda}_{\cdot n} \mid \zeta)p(\zeta)p(\beta)\,\mathrm{d}\boldsymbol{A}_{\cdot n}$$

$$= -\frac{1}{2}\log|\boldsymbol{C}_n| - \frac{1}{2}\boldsymbol{S}_{\cdot n}^{\mathrm{H}}\boldsymbol{E}\boldsymbol{C}_n^{-1}\boldsymbol{E}^{\mathrm{H}}\boldsymbol{S}_{\cdot n} + \log[\,p(\boldsymbol{\lambda}_{\cdot n} \mid \zeta)p(\zeta)p(\beta)\,]$$

$$(5-44)$$

式中，$\boldsymbol{C}_n = \beta^{-1}\boldsymbol{I}_L + \boldsymbol{F}\boldsymbol{A}_n^{-1}\boldsymbol{F}^{\mathrm{H}}$，基于行列式恒等式，可得

$$\log|\boldsymbol{C}_n| = \log(\,|\boldsymbol{A}_n|^{-1}|\beta^{-1}\boldsymbol{I}_M||\beta\boldsymbol{F}^{\mathrm{H}}\boldsymbol{F} + \boldsymbol{A}_n|\,)$$

$$= -\log|\boldsymbol{A}_n| - M\log\beta^{-1} - \log|\boldsymbol{\Sigma}_n| \qquad (5-45)$$

结合矩阵求逆公式，求解 $\boldsymbol{C}_n^{-1}$ 如下：

$$\boldsymbol{C}_n^{-1} = (\beta^{-1}\boldsymbol{I}_L + \boldsymbol{F}\boldsymbol{A}_n^{-1}\boldsymbol{F}^{\mathrm{H}})^{-1}$$

$$= \beta\boldsymbol{I}_L - \beta\boldsymbol{F}(\beta\boldsymbol{F}^{\mathrm{H}}\boldsymbol{F} + \boldsymbol{A}_n)^{-1}\boldsymbol{F}^{\mathrm{H}}\beta$$

$$= \beta\boldsymbol{I}_L - \beta\boldsymbol{F}\boldsymbol{\Sigma}_n\boldsymbol{F}^{\mathrm{H}}\beta \qquad (5-46)$$

将式（5-45）和式（5-46）代入式（5-44），并展开最后一项，可得

$$\mathcal{L} = \frac{1}{2}(\log|\boldsymbol{A}_n| + M\log\beta + \log|\boldsymbol{\Sigma}_n|) - \frac{1}{2}\beta\parallel\boldsymbol{E}^{\mathrm{H}}\boldsymbol{S}_{\cdot n} - \boldsymbol{F}\boldsymbol{\mu}_n\parallel_2^2 -$$

$$\frac{1}{2}\boldsymbol{\mu}_n^{\mathrm{H}}\boldsymbol{A}_n\boldsymbol{\mu}_n + M\log\frac{\zeta}{2} - \frac{\zeta}{2}\sum_{i=1}^{M}\lambda_{in}^{-1} + (a-1)\log\beta - b\beta +$$

$$\frac{\xi}{2}\log\frac{\xi}{2} - \log\Gamma\left(\frac{\xi}{2}\right) + \left(\frac{\xi}{2}-1\right)\log\zeta - \frac{\xi}{2}\zeta \qquad (5-47)$$

基于式（5-47），对 $\log\lambda_{in}$ 求偏导数，并将偏导数设置为零，可得

$$\frac{\partial\mathcal{L}}{\partial\log\lambda_{in}} = \frac{1}{2}\frac{\partial(\log|\boldsymbol{A}_n| + \log|\boldsymbol{\Sigma}_n|)}{\partial\log\lambda_{in}} - \frac{1}{2}\frac{\partial(\boldsymbol{\mu}_n^{\mathrm{H}}\boldsymbol{A}_n\boldsymbol{\mu}_n)}{\partial\log\lambda_{in}} - \frac{\partial\left(\frac{\zeta}{2}\sum_{i=1}^{M}\lambda_{in}^{-1}\right)}{\partial\log\lambda_{in}}$$

$$= \frac{1}{2}[\,1 - \lambda_{in}(\boldsymbol{\Sigma}_{n-ii} + \mu_{in}^{*}\mu_{in})\,] - \frac{\zeta}{2}\lambda_{in}^{-1} = 0 \qquad (5-48)$$

式中，$\boldsymbol{\Sigma}_{n-ii}$——矩阵 $\boldsymbol{\Sigma}_n$ 对角线上第 i 个元素；

μ_{in}——向量 $\boldsymbol{\mu}_n$ 的第 i 个元素。

由于超参数 $\lambda_{in} > 0$，求解式（5–48）的正值根，可得 λ_{in} 的更新公式如下：

$$\lambda_{in-\text{Lap}}^{\text{new}} = \frac{\dfrac{1}{2} + \sqrt{\dfrac{1}{4} + (\boldsymbol{\Sigma}_{n-ii} + \mu_{in}^{*}\mu_{in})\zeta^{\text{new}}}}{\boldsymbol{\Sigma}_{n-ii} + \mu_{in}^{*}\mu_{in}} \tag{5–49}$$

基于式（5–47），对 β 求偏导并置零，可得

$$\frac{\partial \mathcal{L}}{\partial \beta} = \frac{1}{2} \cdot \frac{\partial (M\log\beta + \log|\boldsymbol{\Sigma}_n|)}{\partial \beta} - \frac{1}{2} \cdot \frac{\partial (\beta \parallel \boldsymbol{E}^{\text{H}}\boldsymbol{S}_{\cdot n} - \boldsymbol{F}\boldsymbol{\mu}_n \parallel_2^2)}{\partial \beta} +$$

$$\frac{\partial ((a-1)\log\beta - b\beta)}{\partial \beta}$$

$$= \frac{M}{2\beta} - \frac{1}{2}\text{tr}(\boldsymbol{\Sigma}_n \boldsymbol{F}^{\text{H}}\boldsymbol{F}) - \frac{1}{2} \parallel \boldsymbol{E}^{\text{H}}\boldsymbol{S}_{\cdot n} - \boldsymbol{F}\boldsymbol{\mu}_n \parallel_2^2 + \frac{a-1}{\sigma^{-2}} - b = 0 \tag{5–50}$$

求解式（5–50），得到超参数 β 的更新公式为

$$\beta^{\text{new}} = \frac{M + 2(a-1)}{\text{tr}(\boldsymbol{\Sigma}_n \boldsymbol{F}^{\text{H}}\boldsymbol{F}) + \parallel \boldsymbol{E}^{\text{H}}\boldsymbol{S}_{\cdot n} - \boldsymbol{F}\boldsymbol{\mu}_n \parallel_2^2 + 2b} \tag{5–51}$$

基于式（5–47），对 ζ 求偏导并置零，可得超参数 ζ 的更新公式如下：

$$\zeta^{\text{new}} = \frac{\xi + 2M - 2}{\xi + \displaystyle\sum_{i=1}^{M} (\lambda_{in}^{\text{old}})^{-1}} \tag{5–52}$$

对式（5–47）求 ξ 的偏导数，无法获得解析解，同时为了满足无信息先验和简便计算，令 $\xi \to 0$，将式（5–52）代入式（5–49），可得

$$\lambda_{in-\text{Lap}}^{\text{new}} \approx \frac{\dfrac{1}{2} + \sqrt{\dfrac{1}{4} + (\boldsymbol{\Sigma}_{n-ii} + \mu_{in}^{*}\mu_{in})\left[2(M-1)\Big/\displaystyle\sum_{i=1}^{M}(\lambda_{in}^{\text{old}})^{-1}\right]}}{\boldsymbol{\Sigma}_{n-ii} + \mu_{in}^{*}\mu_{in}} \tag{5–53}$$

像元符合高斯先验时，$\lambda_{in}^{\text{new}}$ 的更新公式为[183]

$$\lambda_{in-\text{Gau}}^{\text{new}} \approx \frac{1}{\boldsymbol{\Sigma}_{n-ii} + \mu_{in}^{*}\mu_{in}} \tag{5–54}$$

对比两种先验下的尺度因子更新公式 $\lambda_{in-\text{Lap}}^{\text{new}}$ 和 $\lambda_{in-\text{Gau}}^{\text{new}}$，可得

$$\lambda_{in-\text{Gau}}^{\text{new}} - \lambda_{in-\text{Lap}}^{\text{new}} = \frac{\dfrac{1}{2} - \sqrt{\dfrac{1}{4} + (\lambda_{in-\text{Gau}}^{\text{new}})^{-1}\zeta}}{(\lambda_{in-\text{Gau}}^{\text{new}})^{-1}} \tag{5-55}$$

根据 $(\lambda_{in-\text{Gau}}^{\text{new}})^{-1}\zeta > 0$，可得 $(\lambda_{in-\text{Lap}}^{\text{new}})^{-1} < (\lambda_{in-\text{Gau}}^{\text{new}})^{-1}$。因此，拉普拉斯先验的方差小于高斯先验的方差，获得的解更趋向于稀疏，拉普拉斯先验具有更强的稀疏促进作用。另外，在更新过程中 $\lambda_{in-\text{Lap}}^{\text{new}}$ 值与 ζ 值有关，ζ 值又与上次迭代中尺度因子 $\lambda_{in}^{\text{old}}$ 的总和有关，$\lambda_{in}^{\text{old}}$ 的总和与求解所有像元有关，这表明与高斯先验相比，拉普拉斯先验更好地在迭代过程中稀疏解的整体信息。

5.4.3　算法流程

对于稀疏孔径下的残余相位误差，同样可基于 5.3.3 节的分析，在迭代过程中基于式（5-34）进行残余相位误差校正。与 5.3 节采用相同的预处理方式，经过包络对齐（最大互相关法）、粗相位自聚焦（加权最小二乘自聚焦）、距离空变相位补偿（假定波门中心为等效旋转中心距离坐标），得到含有残余平动误差的回波数据，以此数据作为输入，进行迭代图像重构和残余平动相位误差校正。

图 5-5 给出了基于复拉普拉斯先验，联合全贝叶斯推理图像重构和残余相位误差校正的稀疏孔径高分辨成像算法流程。与基于 CGSM 先验高分辨成像算法的主要不同，体现在由于对图像像元施加了复拉普拉斯先验，超参数 $\boldsymbol{\lambda}_{\cdot n}^{(g+1)}$、$\boldsymbol{\beta}^{(g+1)}$ 以及图像像元对应的协方差 $\boldsymbol{\Sigma}_n^{(g+1)}$（高次项信息）和均值 $\boldsymbol{\mu}_{\cdot n}^{(g+1)}$（对应为图像第 n 列 $\boldsymbol{A}_{\cdot n}$）的更新方式。在具体的迭代步骤中，体现在第 3 步中对于第 g 次迭代，利用式（5-53）和式（5-51）求得超参数更新值 $\boldsymbol{\lambda}_{\cdot n}^{(g+1)}$、$\boldsymbol{\beta}^{(g+1)}$，利用式（5-43）和式（5-42）更新协方差 $\boldsymbol{\Sigma}_n^{(g+1)}$ 和均值 $\boldsymbol{\mu}_{\cdot n}^{(g+1)}$，则当前的目标像估计值为 $\hat{\boldsymbol{A}}^{(g+1)} = [\boldsymbol{\mu}_{\cdot 1} \quad \boldsymbol{\mu}_{\cdot 2} \quad \cdots \quad \boldsymbol{\mu}_{\cdot N}]^{(g+1)}$。另外，在初始过程中，将超参数初始化为 $a = b = \xi = 10^{-4}$，其他残余相位误差校正、迭代过程和迭代终止条件判定的步骤与 5.3.4 节算法的第 2 步、第 4 步、第 5 步一致。

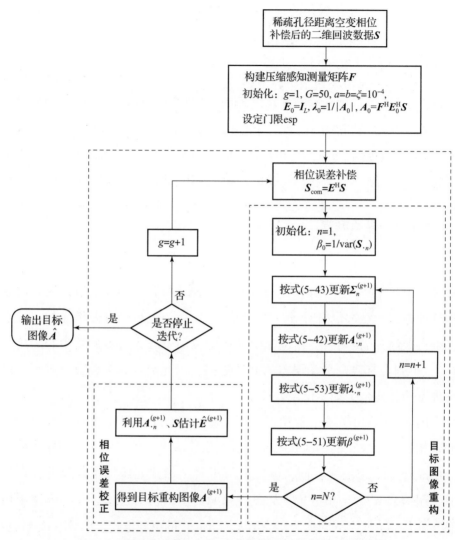

图 5-5 基于复拉普拉斯先验的稀疏高分辨成像算法流程图

对算法的复杂度进行简要分析如下：在第 g 次迭代的每个距离单元稀疏求解过程中，由于 $\boldsymbol{F} \in \mathbb{C}^{L \times M}$，$\boldsymbol{\Lambda}_n \in \mathbb{C}^{M \times M}$，$\boldsymbol{\Sigma}_n \in \mathbb{C}^{M \times M}$，$\boldsymbol{E} \in \mathbb{C}^{L \times L}$，$\boldsymbol{S}_{\cdot n} \in \mathbb{C}^{L \times 1}$，通过式（5-43）和式（5-42）更新 $\boldsymbol{\Sigma}_n^{(g+1)}$ 和 $\boldsymbol{A}_{\cdot n}^{(g+1)}$ 的运算量分别为 $O(M^3 + LM^2)$ 和 $O(LM^2 + ML^2 + ML)$，通过式（5-53）和式（5-51）求解 $\boldsymbol{\lambda}_{\cdot n}^{(g+1)}$ 和 $\beta^{(g+1)}$ 的运算量分别为 $O(M)$ 和 $O(2LM^2)$，通过式（5-34）

逐脉冲估计残余相位误差的运算量 $O(NLM)$，G 次迭代对应的总运算量为 $O(GN(M^3 + 4LM^2 + ML^2 + M + 2LM))$，与 5.3 节算法的复杂度基本一致；同样，可将式（5 - 43）中的矩阵求逆 $\Sigma_n = (\beta F^H F + \Lambda_n)^{-1}$，基于 Woodbury 公式进一步转化为 $\Sigma_n = \Lambda_n^{-1} - \Lambda_n^{-1} F^H (\beta^{-1} I + F \Lambda_n^{-1} F^H)^{-1} F \Lambda_n^{-1}$，以降低运算量。

■ 5.5　仿真实验及分析

成像仿真场景设定和仿真验证轨道的选择与 4.5.1 节一致，在目标的可视时间内，选择与 4.5.1 节一致的成像弧段，具体的仿真参数设置如表 5 - 1 所示。

表 5 - 1　双基地 ISAR 成像仿真参数

参数名称	数值	参数名称	数值
载频/GHz	10	脉冲宽度/μs	10
信号带宽/MHz	600	采样频率/MHz	750
脉冲重复频率/Hz	100	脉冲累积数/个	500
距离分辨率/m	0.326 1	方位分辨率/m	0.226 8

仿真目标选择与 4.5.2 节和 4.5.3 节一致的理想散射点模型和典型卫星的电磁散射模型作为目标模型进行仿真。在此仿真参数设定下，越距离徙动可忽略。噪声会影响目标信号的稀疏度，不同的方位孔径缺失方式会影响观测矩阵行列之间的非相关性能。为验证本章所提算法的有效性和鲁棒性，本节仿真实验考察两种常见的稀疏孔径模式——随机稀疏孔径（random missing sampling，RMS）和块稀疏孔径（gap missing sampling，GMS）。在不同孔径缺失比（稀疏度）和不同信噪比条件下，对本章所提的稀疏孔径高分辨成像算法性能进行验证。

5.5.1 不同孔径缺失比下稀疏成像性能验证

总的孔径数为 500 个，假定有效孔径采样数分别为 300 个（稀疏度为 40%）和 150 个（稀疏度为 70%）。稀疏孔径回波完成包络对齐（最大互相关法）和粗相位自聚焦（加权最小二乘法）后，初步校正平动相位误差，通过假定波门中心为等效旋转中心坐标，进行距离空变相位补偿，得到只含有残余平动误差的回波数据，基于距离空变相位校正后的回波数据开展成像实验。通过对输入的回波数据添加零均值复高斯白噪声，将 SNR 设置为 5 dB。

在 GMS 和 RMS 两种稀疏孔径形式的不同稀疏度条件下，基于两种仿真目标模型的一维距离像及对应的 MFT 成像结果如表 5-2、表 5-3 所示。从表 5-2、表 5-3 中的 MFT 成像结果可以看出，由于稀疏孔径导致的回波数据不连续，并且存在残余误差相位，基于 MFT 无法有效完成方位向压缩，图像存在严重的能量泄漏和散焦现象，需要进一步提高成像质量。

表 5-2　理想散射点模型在不同稀疏孔径条件下的一维距离像和 MFT 成像结果（附彩图）

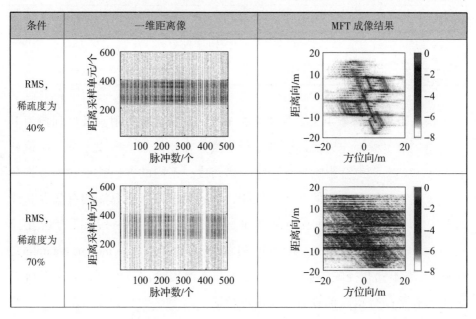

续表

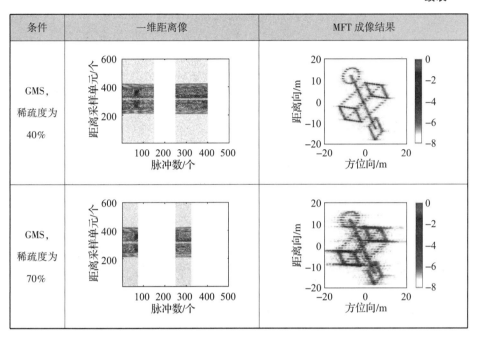

条件	一维距离像	MFT 成像结果
GMS，稀疏度为40%		
GMS，稀疏度为70%		

表 5-3　电磁散射模型在不同稀疏孔径条件下的一维距离像和 MFT 成像结果（附彩图）

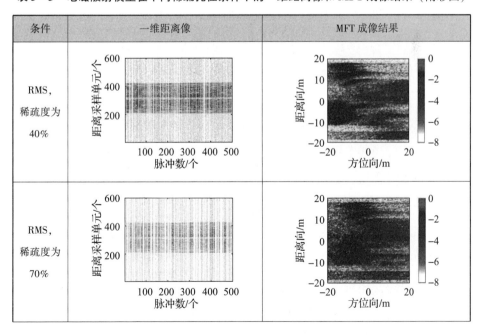

条件	一维距离像	MFT 成像结果
RMS，稀疏度为40%		
RMS，稀疏度为70%		

续表

条件	一维距离像	MFT 成像结果
GMS, 稀疏度为 40%	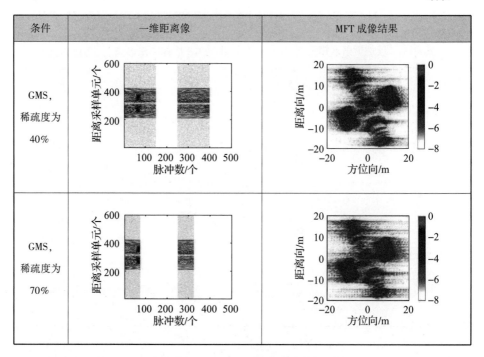	
GMS, 稀疏度为 70%		

理想散射点模型在 RMS 和 GMS 两种稀疏孔径形式下（分别包含 40% 和 70% 稀疏度两种情况），不同 CS 成像算法的成像结果如表 5 - 4、表 5 - 5 所示，对应的基于电磁散射模型的成像结果如表 5 - 6、表 5 - 7 所示。从两种仿真模型的成像结果（表 5 - 4 ~ 表 5 - 7）可以看出，在稀疏孔径条件下，三种基于 CS 的成像算法均优于基于 MFT 的成像算法，可以获得目标的基本形状。当稀疏度为 40% 时，基于加权 l_1 范数的成像结果有少量残余噪声影响图像质量，基于两种先验的全贝叶斯推理成像算法得到背景清晰聚焦良好的图像；当稀疏度下降到 70% 时，基于加权 l_1 范数的成像算法性能明显下降（残余噪声水平上升和图像聚焦度下降），相比之下，基于两种先验的全贝叶斯推理成像算法仍可以获得聚焦度和背景清晰度良好的图像。这是因为，相对于基于加权 l_1 范数的成像算法，基于全贝叶斯推理成像算法更有效利用图像后验概率分布信息和相应高阶信息。同时，在其他

条件相同的情况下，RMS 条件下的结果优于 GMS 条件下的结果。这是因为，在相同的稀疏度下，RMS 获得的稀疏基的非相干性优于 GMS。

表 5 – 4　理想散射点模型在 RMS 条件下不同 CS 成像算法的结果（附彩图）

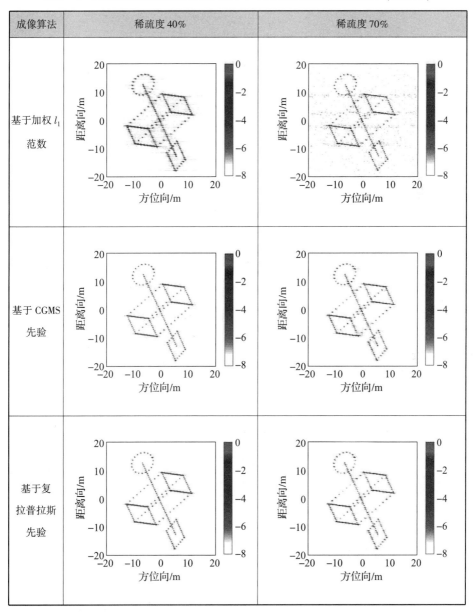

表 5 - 5 理想散射点模型在 GMS 条件下不同 CS 成像算法的结果（附彩图）

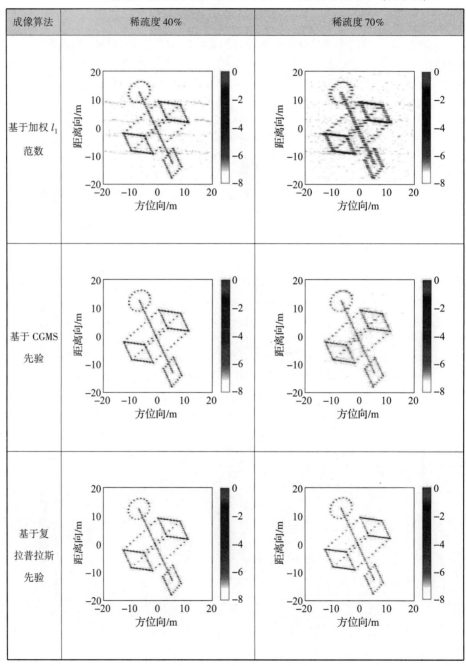

成像算法	稀疏度 40%	稀疏度 70%
基于加权 l_1 范数		
基于 CGMS 先验		
基于复拉普拉斯先验		

表 5 - 6　电磁散射点模型在 RMS 条件下不同 CS 成像算法的结果（附彩图）

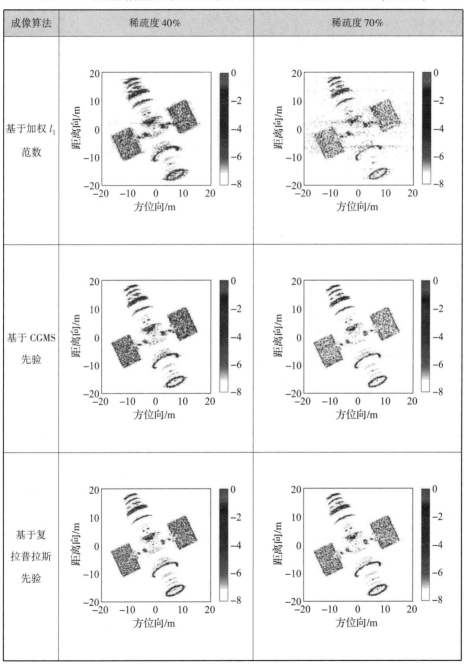

表 5 - 7 电磁散射点模型在 GMS 条件下不同 CS 成像算法的结果（附彩图）

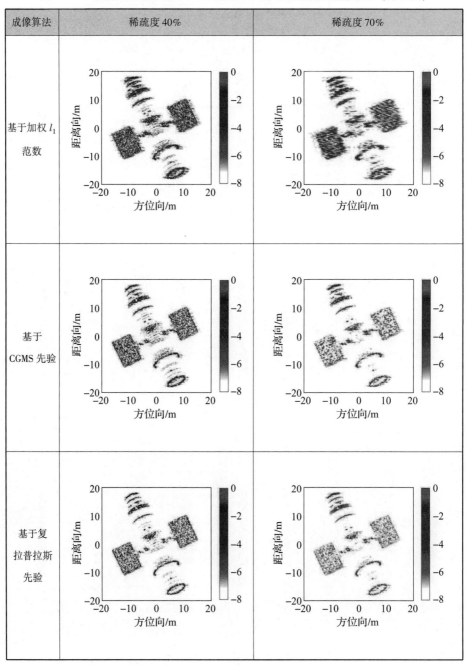

　　为定量比较稀疏孔径算法性能，在图像对比度的基础上进一步基于目标背景比（target – to – background ratio，TBR）[111]衡量图像质量。

$$TBR = 10 \cdot \log 10 \left(\sum_{(m,n) \in T} |\boldsymbol{A}(m,n)|^2 \Big/ \sum_{(m,n) \in B} |\boldsymbol{A}(m,n)|^2 \right)$$

$$(5 - 56)$$

式中，T,B——目标支撑区和背景支撑区。

　　通过设置适当的门限，将目标图像能量聚集的区域选为目标支撑区，将成像平面其他部分设为背景支撑区。TBR 反映图像的能量聚集能力和抑制噪声能力，其值越大则说明能量泄漏和噪声能量越小。图像对比度值越大，则表明图像整体聚焦度越高。

　　在各个稀疏度情况下，基于两种仿真模型的成像指标对比如表 5 – 8 和表 5 – 9 所示，从表中可以看出，基于两种先验对应图像的 TBR 和图像对比度的数值均优于基于加权 l_1 范数算法的数值，基于两种先验对应图像的 TBR 和图像对比度的数值比较接近，但相同条件下复拉普拉斯先验对应 TBR 和图像对比度的数值大于 CGMS 先验对应的数值，从而进一步证明了复拉普拉斯先验在稀疏驱动方面的优势。

表 5 – 8　基于理想散射模型不同稀疏度条件下成像指标对比

孔径条件	指标	加权 l_1 算法	CGSM 先验	复拉普拉斯先验
RMS，稀疏度为 40%	TBR	52. 623 7	76. 587 4	77. 941 5
	图像对比度	9. 327 1	10. 342 2	11. 658 6
RMS，稀疏度为 70%	TBR	48. 625 3	74. 692 1	75. 552 3
	图像对比度	8. 422 3	10. 274 8	11. 586 1
GMS，稀疏度为 40%	TBR	46. 940 3	72. 615 8	74. 365 3
	图像对比度	8. 920 4	9. 425 4	10. 921 5
GMS，稀疏度为 70%	TBR	40. 329 3	70. 343 9	72. 569 1
	图像对比度	6. 843 4	8. 626 4	10. 345 2

表 5 – 9　基于电磁散射模型不同稀疏度条件下成像指标对比

孔径条件	指标	加权 l_1 算法	CGSM 先验	复拉普拉斯先验
RMS，稀疏度为 40%	TBR	12. 672 3	26. 343 3	27. 694 5
	图像对比度	5. 327 1	6. 532 2	6. 658 6
RMS，稀疏度为 70%	TBR	8. 325 3	24. 909 2	25. 154 1
	图像对比度	4. 372 3	6. 374 8	6. 586 1
GMS，稀疏度为 40%	TBR	10. 280 3	23. 615 8	26. 035 3
	图像对比度	4. 930 4	6. 462 4	6. 624 5
GMS，稀疏度为 70%	TBR	6. 329 3	23. 203 9	24. 569 1
	图像对比度	3. 383 4	6. 224 6	6. 345 2

5.5.2　不同信噪比下稀疏成像性能验证

为进一步验证算法对噪声的鲁棒性，在 RMS 稀疏度为 40% 的情况下，基于两种仿真模型分别在 SNR 为 10 dB、5 dB 和 0 dB 条件下进行稀疏孔径成像。表 5 – 10、表 5 – 11 分别给出了基于两种散射模型的成像结果。不同 SNR 情况下的成像指标对比如表 5 – 12 和表 5 – 13 所示。

表 5 – 10　理想散射点模型 RMS 稀疏度 40% 不同 SNR 下 CS 成像算法的结果（附彩图）

成像算法	SNR = 10 dB	SNR = 5 dB	SNR = 0 dB
基于加权 l_1 范数			

续表

成像算法	SNR = 10 dB	SNR = 5 dB	SNR = 0 dB
基于 CGMS 先验			
基于复拉普拉斯先验			

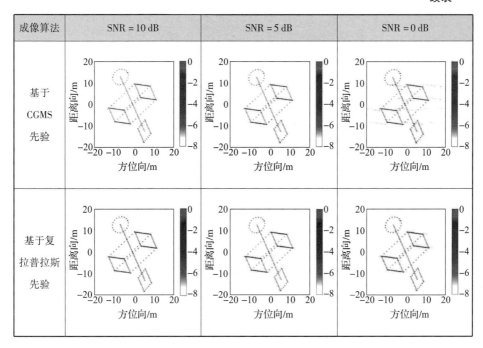

表 5-11　电磁散射模型 RMS 稀疏度 40% 不同 SNR 下 CS 成像算法的结果（附彩图）

成像算法	SNR = 10 dB	SNR = 5 dB	SNR = 0 dB
基于加权 l_1 范数			
基于 CGMS 先验			

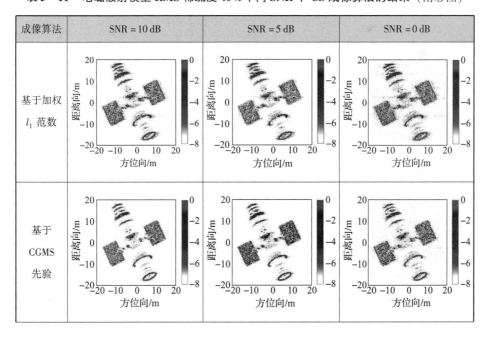

续表

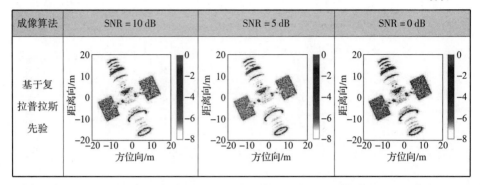

成像算法	SNR = 10 dB	SNR = 5 dB	SNR = 0 dB
基于复拉普拉斯先验			

表 5 - 12 理想散射点模型不同 SNR 条件下成像指标对比

算法	指标	10 dB	5 dB	0 dB
基于加权 l_1 范数算法	图像对比度	9.434 7	9.327 1	8.492 7
	TBR	54.954 2	52.623 7	40.884 5
基于 CGMS 先验	图像对比度	11.083 5	10.342 2	9.422 6
	TBR	77.284 5	76.587 4	53.735 6
基于复拉普拉斯先验	图像对比度	11.879 7	11.658 6	10.809 2
	TBR	78.238 1	77.941 5	75.654 6

表 5 - 13 电磁散射模型不同 SNR 条件下成像指标对比

算法	指标	10 dB	5 dB	0 dB
基于加权 l_1 范数算法	图像对比度	5.542 3	5.327 1	3.491 7
	TBR	14.942 1	12.672 3	9.038 6
基于 CGMS 先验	图像对比度	6.783 5	6.532 2	5.842 6
	TBR	27.423 5	26.343 3	18.372 5
基于复拉普拉斯先验	图像对比度	6.879 7	6.658 6	6.358 6
	TBR	28.238 1	27.694 5	26.654 6

实验结果表明，在同一 SNR 条件下，基于复拉普拉斯先验稀疏成像获得的图像质量最好，当 SNR 为 10 dB 和 5 dB 时，基于 CGMS 先验获得图像的质量与基于复拉普拉斯先验获得图像的质量接近。随着 SNR 降低，三种算法所得图像的质量均有所降低，所对应的 TBR 和图像对比度都有所减小，其中加权 l_1 范数图像质量下降最快，当 SNR 低至 0 dB 时，基于加权 l_1 范数的算法获得的图像包含明显的残余噪点，TBR 值和图像对比度值明显降低；基于 CGMS 先验获得的图像也出现了残余噪点；基于复拉普拉斯先验获得的图像背景度和聚焦度最好，TBR 和图像对比度最大，说明基于复拉普拉斯先验的稀疏成像算法在低信噪比下具有更好的鲁棒性。

■ 5.6　扩展到存在越距离单元徙动情况下的稀疏孔径成像

在前几节中，研究了联合考虑稀疏孔径和残余相位误差条件下的稀疏高分辨成像方法，忽略了距离徙动的影响。随着距离分辨率的提高，需要进一步考虑越距离单元徙动的影响。稀疏孔径条件下，若基于子孔径分段进行越距离单元徙动校正，则子孔径间的校正结果难以对齐；若对稀疏孔径整体进行越距离单元徙动校正，则由于孔径不连续，将导致传统的基于多普勒分析的越距离单元徙动校正方法性能下降[117]，无法有效完成越距离单元徙动校正预处理。在此高分辨稀疏孔径场景下，需要考虑联合越距离单元徙动校正，建立相应的双基地 ISAR 稀疏成像观测模型，以获得更精确的图像解。此时，式（5-7）和式（5-5）相应改写为

$$s_P(\hat{t}, t_m) \approx \tilde{s}_P(\hat{t}, t_m) \exp(j\phi_m) \tag{5-57}$$

式中，$\phi_m = \varphi_m + 2Y_\Delta K_0 \omega_0^2 t_m^2 / \lambda$，

$$\tilde{s}_P(\hat{t}, t_m) = \tilde{\sigma}_P \mathrm{sinc}\left(\mu T_p\left(\hat{t} - \frac{2y_P K_0 + 2\omega_0 x_P(K_0 t_m + K_1 t_m^2)}{c}\right)\right) \cdot$$

$$\exp\left(-j2\pi f_c \frac{2\omega_0 x_P(K_0 t_m + K_1 t_m^2)}{c}\right) \tag{5-58}$$

式中，包络项中增加了 $2\omega_0 x_P(K_0 t_m + K_1 t_m^2)$ 项，这是目标转动引起的包络走动。由于双基地 ISAR 成像空间目标场景较小（数十米量级），不同距离单元相对的距离徙动差值可以忽略，包络走动中忽略了与距离项有关的项。将式（5-58）转化到距离频域，可得

$$\tilde{S}_P(f_r, t_m) = \tilde{\sigma}_P \cdot \exp\left(-j\frac{4\pi f_r y_P K_0}{c}\right)\exp\left(-j4\pi(f_r + f_c)\frac{\omega_0 x_P(K_0 t_m + K_1 t_m^2)}{c}\right)$$

$$(5-59)$$

式中，f_r——沿距离向进行傅里叶变换后对应的频率。

在传统的 Keystone 变换校正越距离单元徙动过程中，通过沿方位向进行变尺度逆傅里叶变换，实现距离徙动校正[117]。受双基地角的时变影响，式（5-59）中含有慢时间 t_m 的二次项，基于 Keystone 变换的距离徙动校正方法已不适合此场景。匹配傅里叶变换是一种广义傅里叶变换，在选定积分路径（匹配傅里叶基）后，匹配傅里叶变换具有和傅里叶变换类似的时域频域尺度对偶性[177]。基于式（5-59），$\tilde{S}_P(f_r, t_m)$ 可看作目标散射区域通过沿方位向的变尺度匹配傅里叶变换和沿距离向的傅里叶变换获得的。可以通过对 $\tilde{S}_P(f_r, t_m)$ 施加变尺度逆匹配傅里叶变换进行越距离单元徙动校正，即可通过下式：

$$\tilde{S}_P(f_r, x_P) = \int_0^T \tilde{S}_P(f_r, t_m)\exp\left(j4\pi(f_r + f_c)\frac{\omega_0 x_P(K_0 t_m + K_1 t_m^2)}{\lambda f_c}\right)d(K_0 t_m + K_1 t_m^2)$$

$$(5-60)$$

完成距离徙动校正，其中相应的尺度因子为 $(f_r + f_c)/f_c$，与距离频率 f_r 有关。

稀疏孔径条件下，具体的孔径稀疏采样模型如图 5-6 所示，共有 Q 个有效子孔径，第 q 个有效子孔径和相应的缺失孔径的长度分别为 L_q 和 P_q。$L = \sum_{q=1}^{Q} L_q$ 和 $M = \sum_{q=1}^{Q} L_q + \sum_{q=1}^{Q-1} P_q$ 分别是有效孔径和全孔径的孔径数，因此孔径稀疏采样的序号集合为 $Z = \left\{ m \mid Z_q = \sum_{i=1}^{q-1} L_i + P_i + 1 : \sum_{i=1}^{q-1} L_i + P_i + L_q, \right.$

$1 \leqslant q \leqslant Q \Big\}$。利用矩阵 $S_{p,q}(N \times L_q)$ 表示第 q 个有效子孔径信号，N 为距离采样点个数，则式（5-57）的矩阵形式可表示为

$$S_p = \begin{bmatrix} S_{p,1} & \cdots & S_{p,q} & \cdots & S_{p,Q} \end{bmatrix}_{N \times L} \tag{5-61}$$

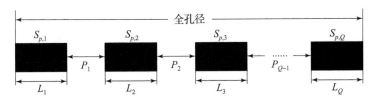

图 5-6　孔径稀疏采样模型示意图

目标上所有 P_{all} 个散射点对应的总信号可表示为

$$S = \begin{bmatrix} S_1 & \cdots & S_q & \cdots & S_Q \end{bmatrix}_{N \times L} \tag{5-62}$$

式中，$S_q = \sum\limits_{p=1}^{P_{\mathrm{all}}} S_{p,q}$，按照列进行堆叠（矢量化），对应的数据矢量为

$$s = \begin{bmatrix} s_1 & s_2 & \cdots & s_L \end{bmatrix}^{\mathrm{T}}_{N \cdot L \times 1} \tag{5-63}$$

式中，$s_m = \begin{bmatrix} S(1,m) & \cdots & S(N,m) \end{bmatrix}^{\mathrm{T}}$，表示第 m 个脉冲对应的数据。

与 5.2 节一样，将二维成像场景离散化为 $N \times M$ 个单位方格，每个方格尺寸为 $\Delta x \times \Delta y$。其中，多普勒单元尺寸 Δx，距离单元尺寸 Δy 分别设置为

$$\begin{cases} \Delta x = \lambda / 2\omega_0 \varphi_{\mathrm{mft}}(T) = \lambda / \left(2\omega_0 (K_0 M \cdot \mathrm{PRT} + K_1 (M \cdot \mathrm{PRT})^2) \right) \\ \Delta y = c / (2f_s K_0) \end{cases}$$

$$\tag{5-64}$$

假设目标图像为 $A_{N \times M}$，按照列进行堆叠后的数据矢量为 $a_{NM \times 1}$，式（5-57）稀疏孔径成像模型可表示为

$$\begin{aligned} s &= EE_y F_{\mathrm{r-L}}^{\mathrm{H}} D_{\mathrm{sa}} F_r a + n \\ &= EF_{\mathrm{eq}} a + n \end{aligned} \tag{5-65}$$

式中，$F_{\mathrm{eq}} = E_y F_{\mathrm{r-L}}^{\mathrm{H}} D_{\mathrm{sa}} F_r$，$n$ 为高斯噪声矢量，第 m 个脉冲中 N 个距离单元对应的残余相位误差矢量为 $\begin{bmatrix} \exp(\mathrm{j}\phi_m) & \cdots & \exp(\mathrm{j}\phi_m) \end{bmatrix}^{\mathrm{T}}_{N \times 1}$，相应的 $E =$

$[\mathrm{diag}([\exp(\mathrm{j}\phi_m) \quad \cdots \quad \exp(\mathrm{j}\phi_m)]_{N\times1}^{\mathrm{T}})]_{NL\times NL}$，$m\in\mathbb{Z}$ 表示残余相位误差矩阵；假定波门中心为等效旋转中心，对应的离散距离空变相位矩阵为 $\boldsymbol{E}_{\mathrm{y}} = [\mathrm{diag}([e_m]_{N\times1})]_{NL\times NL}$，$m\in\mathbb{Z}$，其中任意一个距离单元对应的离散距离空变相位 $e_m = \exp\left[\dfrac{\mathrm{j}2\pi f_{\mathrm{c}}(n-N/2)\Delta y}{c}(2K_1 m\mathrm{PRT} - yK_0\omega_0^2 m^2\mathrm{PRT}^2)\right]$（$n\in[1:N]$，$m\in\mathbb{Z}$），沿距离向的傅里叶变换对应的离散傅里叶矩阵 $\boldsymbol{F}_{\mathrm{r-b}}\in\mathbb{C}^{N\times N}$，则

$$\boldsymbol{F}_{\mathrm{r}} = \begin{bmatrix} \boldsymbol{F}_{\mathrm{r-b}} & \boldsymbol{0} & \boldsymbol{0} & \boldsymbol{0} \\ \boldsymbol{0} & \boldsymbol{F}_{\mathrm{r-b}} & \boldsymbol{0} & \boldsymbol{0} \\ \boldsymbol{0} & \boldsymbol{0} & \ddots & \boldsymbol{0} \\ \boldsymbol{0} & \boldsymbol{0} & \boldsymbol{0} & \boldsymbol{F}_{\mathrm{r-b}} \end{bmatrix}_{MN\times MN}, \quad \boldsymbol{F}_{\mathrm{r-L}} = \begin{bmatrix} \boldsymbol{F}_{\mathrm{r-b}} & \boldsymbol{0} & \boldsymbol{0} & \boldsymbol{0} \\ \boldsymbol{0} & \boldsymbol{F}_{\mathrm{r-b}} & \boldsymbol{0} & \boldsymbol{0} \\ \boldsymbol{0} & \boldsymbol{0} & \ddots & \boldsymbol{0} \\ \boldsymbol{0} & \boldsymbol{0} & \boldsymbol{0} & \boldsymbol{F}_{\mathrm{r-b}} \end{bmatrix}_{LN\times LN},$$

$\boldsymbol{D}_{\mathrm{sa}} = [d_{nm}]_{NL\times NM}$（$n\in[1:N]$，$m\in\mathbb{Z}$）表示相应孔径稀疏采样模式下方位向变尺度匹配傅里叶变换对应的矩阵，$\boldsymbol{D}_{\mathrm{sa}}$ 的第 $((m-1)\cdot N+n)$ 个行向量可表示为

$$d_{nm} = [\boldsymbol{0}_{n-1}, \gamma(m,n), \boldsymbol{0}_{N-1}, \gamma(m,n)^2, \boldsymbol{0}_{N-1}, \cdots, \gamma(m,n)^M, \boldsymbol{0}_{N-n}]_{1\times NM}^{\mathrm{T}}$$

$$(5-66)$$

式中，$\boldsymbol{0}_{n-1}$ 表示 $n\times1$ 大小的零矢量；$\gamma(m,n)$ 可表示为

$$\gamma(m,n) = \exp\left[\frac{-\mathrm{j}4\pi(K_0 m\mathrm{PRT} + K_1 m^2\mathrm{PRT}^2)(f_{\mathrm{c}} + (n-N/2)\Delta f_{\mathrm{r}})\Delta x\omega_0}{c}\right]$$

$$(5-67)$$

式中，$\Delta f_{\mathrm{r}} = \exp(2\pi/N)$。

由 $\Delta x = \lambda/(2\omega_0\varphi_{\mathrm{mft}}(T)) = c/(2f_{\mathrm{c}}\omega_0(K_0 MT + K_1 M^2 T^2))$，$\gamma(m,n)$ 可进一步简化为

$$\gamma(m,n) = \exp\left[\frac{-\mathrm{j}2\pi(K_0 m\mathrm{PRT} + K_1 m^2\mathrm{PRT}^2)(f_{\mathrm{c}} + (n-N/2)\Delta f_{\mathrm{r}})}{f_{\mathrm{c}}(K_0 MT + K_1 M^2 T^2)}\right]$$

$$(5-68)$$

式中，$(f_{\mathrm{c}} + (n-N/2)\Delta f_{\mathrm{r}})/f_{\mathrm{c}}$ 对应变尺度系数。

式（5-65）表示的稀疏成像观测模型中，联合考虑了距离徙动、残

余相位误差的影响。为获得双基地 ISAR 高分辨像，需要求式（5 - 65）的稀疏解，将残余相位误差进行补偿，进一步将式（5 - 65）写为

$$E^{\mathrm{H}}s = F_{\mathrm{eq}}a + n \qquad (5-69)$$

观察式（5 - 69），其与 5.4.2 节式（5 - 39）的形式一致。$E^{\mathrm{H}}s$ 表示特定残余相位误差补偿后的数据，F_{eq} 对应量测矩阵，a 为待求解的像元信息，n 为观测噪声。

由 5.3 节和 5.4 节可知，基于复拉普拉斯先验的稀疏高分辨方法具有更好的稀疏促进效果。我们将 5.4 节基于复拉普拉斯先验的稀疏高分辨方法扩展到此场景。首先采用 5.4.1 节的稀疏建模方法，依据图 5 - 4 将噪声建模为零均值复高斯白噪声，将图像像元建模为基于分层贝叶斯的复拉普拉斯分布。

基于 5.4.2 节图像重构方法，进行像元迭代重构，并在此过程中迭代校正残余相位误差。依据式（5 - 42）和式（5 - 43），进一步可得到图像像元均值 μ、协方差 Σ 的更新公式如下：

$$\mu = \beta \Sigma F_{\mathrm{eq}}^{\mathrm{H}} E^{\mathrm{H}}s \qquad (5-70)$$

$$\Sigma = (\beta F_{\mathrm{eq}}^{\mathrm{H}} F_{\mathrm{eq}} + \Lambda)^{-1} \qquad (5-71)$$

式中，$\Lambda = \mathrm{diag}(\lambda_{.1}, \lambda_{.2}, \cdots, \lambda_{.N})$，均值矢量 μ 为所求图像像元的估计值，将重构的矢量 μ 转化为二维矩阵即可得到目标图像的估值 $\hat{A}$。

根据式（5 - 51）和式（5 - 53），进一步可得超参数 β 和 $\lambda_{ij}^{\mathrm{new}}$ 的更新公式如下：

$$\beta^{\mathrm{new}} = \frac{M + 2(a-1)}{\mathrm{tr}(\Sigma F_{\mathrm{eq}}^{\mathrm{H}} F_{\mathrm{eq}} + \Lambda) + \parallel E^{\mathrm{H}}s - F_{\mathrm{eq}}\mu \parallel_2^2 + 2b} \qquad (5-72)$$

$$\lambda_{ij}^{\mathrm{new}} \approx \frac{\dfrac{1}{2} + \sqrt{\dfrac{1}{4} + (\Sigma_{j-ii} + \mu_{ij}^{*}\mu_{ij})\left[2(MN-1)\Big/\displaystyle\sum_{j=1}^{M}\sum_{i=1}^{N}(\lambda_{ij}^{\mathrm{old}})^{-1}\right]}}{\Sigma_{j-ii} + \mu_{ij}^{*}\mu_{ij}} \qquad (5-73)$$

式中，Σ_{j-ii}——子矩阵 Σ_j 对角线上第 i 个元素，子矩阵 Σ_j 为矩阵 Σ 的第 j

个子矩阵（起始行为$(j-1)N$，起始列为 $(j-1)N$）；

Σ_{n-ii}——子矩阵 Σ_n 对角线上第 i 个元素；

μ_{ij}——子矢量μ_j 的第 i 个元素，子向量μ_j 为矢量μ 的第 j 个子矢量（起始行为$(j-1)N$）。

假设在第 g 次迭代中，已经求得目标图像对应矢量的估计值 $\hat{a}^{(g+1)}$，则通过 $\hat{s}^{(g+1)} = F_{eq}\hat{a}^{(g+1)} = F_{eq}\mu^{(g+1)}$ 表示估计矢量 $\hat{a}^{(g+1)}$ 对应的数据 $\hat{s}^{(g+1)}$，s_m 为矢量化之前第 m 个脉冲对应的数据，可基于 4.3.3 节的分析，在迭代过程中，基于残余相位误差进行校正。依据式（5 – 34），相位误差更新的公式如下：

$$\exp(\mathrm{j}\phi_m^{(g+1)}) = \mathrm{conj}(\hat{s}_m^{(g+1)}s_m^{H}/|\hat{s}_m^{(g+1)}s_m^{H}|) \tag{5–74}$$

式中，$\hat{s}_m^{(g+1)}$——$\hat{s}^{(g+1)}$ 的第 m 个子矢量（起始行为$(m-1)N$），对应第 m 个脉冲对应的数据的估计值。

综合上述分析，将基于加权最小二乘自聚焦后的数据按照列堆叠得到数据 s，联合考虑距离空变相位校正和距离徙动校正，构造 $F_{eq} = E_y F_{r-L}^{H} \cdot D_{sa}F_r$，基于复拉普拉斯先验，通过全贝叶斯推理进行图像重构。图像在初始过程中，将超参数初始化为 $a = b = \xi = 10^{-4}$，在第 g 次迭代，利用式（5 – 73）和式（5 – 72）求得超参数更新值 $\lambda_{ij}^{(g+1)}$、$\beta^{(g+1)}$，利用式（5 – 71）和式（5 – 70）更新协方差 $\Sigma^{(g+1)}$ 和均值 $\mu^{(g+1)}$。迭代终止条件和 5.4.3 节设定一致，当达到迭代终止条件后，将得到的 μ 转化为二维矩阵，即所估计的图像。

下面对算法的运算量进行简要分析。在求解过程中，F_r、F_{r-L}^{H} 和 D_{sa}（或者相应的逆矩阵）分别对应沿距离向和方位向的变换运算，E_y^{H} 对应沿距离向的空变相位补偿，E^{H} 对应沿方位向的相位误差补偿，因此 $EE_yF_{r-L}^{H} \cdot D_{sa}F_r$ 运算及其逆运算可以转化为对二维矩阵 S 的操作，这样可以有效降低式（5 – 70）和式（5 – 72）的运算量。算法的主要运算量体现在式（5 – 71）的矩阵求逆运算。为避免直接求逆，通过采用共轭梯度算法求解式（5 – 71），由于 E 和 E_y 为对角阵，F_r、F_{r-L}^{H} 中非零子矩阵 F_{r-b} 为傅里叶变换矩阵，可通过 FFT 运算降低运算量，$\boldsymbol{D}_{sa}$ 表示沿方位向的变尺度匹配傅里叶变换，可分解为 N 个匹配傅里叶变换，因此在共轭梯度算法迭代过程中占据主要运算量的是 $\boldsymbol{F}_{eq}^{H} \boldsymbol{F}_{eq} = \boldsymbol{F}_{r}^{H} \boldsymbol{D}_{sa}^{H} \boldsymbol{D}_{sa} \boldsymbol{F}_{r}$，其运算量为 $O(4M^{3}N + 2MN\log_{2}N)$ 复数运算，假定共轭梯度算法迭代次数为 W，稀疏成像迭代次数为 G，则总运算量约为 $O(GW(4M^{3}N + 2MN\log_{2}N))$。

实验验证及结果分析：仿真场景、仿真验证轨道的选择与 5.5 节的设定一致，选择成像平面稳定且越距离徙动明显的弧段作为成像弧段，总的孔径数仍为 500，为了进一步体现越距离单元徙动的影响，将信号带宽设定为 1.2 GHz，在所选弧段的距离向分辨率为 0.126 9 m、方位向分辨率为 0.198 5 m；基于与 5.5 节一致的理想散射点模型和典型卫星的电磁散射模型进行仿真；通过对距离脉压后的数据添加高斯白噪声，将 SNR 设为 5 dB。

表 5 – 14、表 5 – 15 分别给出了不同稀疏孔径和稀疏度条件下，基于两种模型一维距离像和联合距离徙动校正建模处理前后的成像结果。其中前两行对应 RMS 稀疏形式（稀疏度分别为 40% 和 70%），后两行对应 GMS 稀疏形式（稀疏度分别为 40% 和 70%）。在第 2 列对应的稀疏孔径信号预处理中，基于方位变尺度匹配傅里叶变换进行传统越距离徙动校正预处理，并将距离空变相位补偿后的数据作为成像输入数据，基于 5.4 节的算法得到的成像结果。图中的第 3 列为基于本节内容，联合考虑稀疏孔径下距离徙动建模的稀疏成像结果。从表 5 – 14、表 5 – 15 可以看出，两图第 2 列未联合越距离徙动校正的成像结果存在明显的残余噪声和能量泄漏，并且随着稀疏度的下降，图像质量恶化；两图第 3 列联合越距离徙动校正的成像结果具有更加清晰的背景度和更好的聚焦度。本节算法所建稀疏模型更符合此场景，可降低由于距离徙动校正性能下降引起的观测模型失配影响，可实现残余相位误差、距离徙动校正和稀疏孔径成像的联合处理，得到理想的稀疏高分辨图像。

表 5 - 14　基于理想散射点模型的距离像及稀疏成像结果（附彩图）

稀疏条件	一维距离像	未联合距离徙动校正	联合距离徙动校正
RMS, 稀疏度 为 40%			
RMS, 稀疏度 为 70%			
GMS, 稀疏度 为 40%			
GMS, 稀疏度 为 70%			

表 5 – 15　基于电磁散射模型的距离像及稀疏成像结果（附彩图）

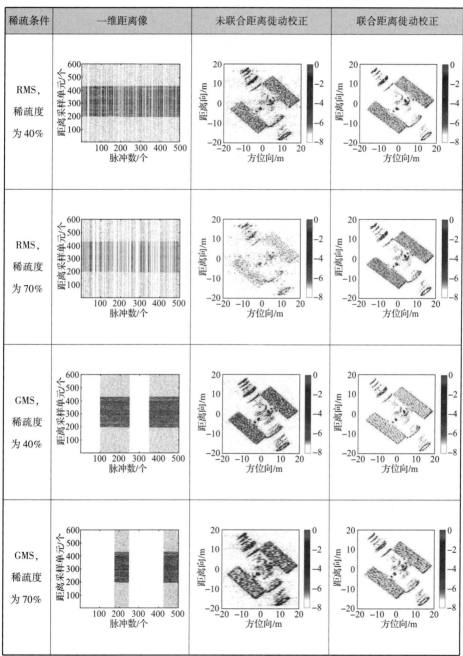

稀疏条件	一维距离像	未联合距离徙动校正	联合距离徙动校正
RMS，稀疏度为 40%			
RMS，稀疏度为 70%			
GMS，稀疏度为 40%			
GMS，稀疏度为 70%			

■ 5.7 本章小结

本章研究了联合平动相位补偿、越分辨单元徙动校正处理的双基地
ISAR 稀疏孔径高分辨成像算法。首先，提出了两种基于 CGSM 先验和复
拉普拉斯先验的全贝叶斯推理双基地 ISAR 成像算法，通过将双基地角时
变和转动二次项引起的相位调制，建模成方位和距离二维空变的形式，并
将距离空变二次相位项转化为非空变相位项，构建含有平动补偿残余相位
误差和距离空变补偿残余相位误差的观测模型，基于匹配傅里叶基完成双
基地 ISAR 图像的稀疏化表示。然后，基于统计先验进行图像和噪声建模，
通过全贝叶斯推理稀疏，重构实现了稀疏高分辨成像和残余相位误差迭代
校正，仿真实验验证了本章所提两种算法的有效性和鲁棒性，其中基于复
拉普拉斯先验的成像算法在低信噪比下具有更好的稀疏重构性能。进一步
将复拉普拉斯先验的成像算法推广到需要考虑距离徙动的场景下，通过方
位向变尺度匹配傅里叶变换将越距离单元徙动校正引入稀疏成像观测模
型，基于复拉普拉斯先验和全贝叶斯推理进行稀疏重构，实现了进一步联
合越距离单元徙动校正的稀疏孔径高分辨成像，仿真实验验证了所提算法
的有效性和鲁棒性。

第6章
总结与展望

■ 6.1 研究总结

本书以高分辨双基地 ISAR 空间目标成像需求为背景，深入研究了高分辨双基地 ISAR 空间目标成像技术的若干关键问题。研究内容主要包括空间目标的双基地 ISAR 回波模拟及通道标校预处理、双基地角时变下的高分辨 ISAR 成像和双基地 ISAR 稀疏孔径高分辨成像。研究成果有助于提高双基地 ISAR 成像质量，促进双基地 ISAR 成像技术的发展，具有一定的理论和工程应用价值。本书主要工作和创新点总结如下：

（1）研究了双基地 ISAR 空间目标的回波模拟方法。该方法包含了目标轨道运动和姿态调整引起的雷达观测矢量变化，准确反映了目标和雷达相对运动过程，可基于此模拟双基地 ISAR 空间目标的基带回波，为后续算法验证奠定基础。

（2）基于标校塔的单基地 ISAR 通道标校方法，无法实现空间目标双基地 ISAR 通道标校。针对该问题，本书提出了一种基于标准卫星累积回波的双基地 ISAR 通道标校方法。针对标准卫星回波信噪比低的问题，利用卫星回波脉压后的信息实现多周期卫星回波相干累积，提高回波信噪比，基于累积后的回波构造标校系数实现通道标校。基于实测标准卫星回波并结合理想散射点模型和电磁散射模型的仿真实验表明，该方法能够有效消除通道非理想传输特性的影响，有利于后续获得高质量双基地 ISAR 图像。

（3）针对双基地角时变引起图像歪斜和散焦问题，本书研究了双基地角时变对图像的影响机制，提出了一种基于先验信息的空间目标双基地 ISAR 成像算法。首先，从成像平面角度分析了双基地 ISAR 图像歪斜的机理，并结合成像平面空变性分析给出了相应的成像弧段选择方法；然后，从信号模型角度进一步分析了图像歪斜和图像散焦的机理。所提算法基于目标轨道信息和成像几何关系，估计双基地角时变系数，通过距离空变线性相位补偿实现了图像线性畸变校正，通过虚拟慢时间映射构建非均匀虚拟采样的补偿系数矩阵进行方位向压缩，降低了图像散焦，解决了双基地角时变引起的图像歪斜和散焦问题。基于理想散射点模型和电磁散射模型进行了仿真实验，验证了所提算法的有效性和实际误差条件下的鲁棒性。

（4）针对需要进一步考虑转动二次相位影响的情况，本书研究了双基地角时变和转动二次相位对图像的影响机理，提出了联合转动二次相位补偿的双基地 ISAR 空间目标成像算法。首先，从相位展开模型出发，分析了双基地角时变和转动二次相位引起的双基地 ISAR 图像一次和二次畸变的机理，并指出为了消除转动二次项的影响，需要估计等效旋转中心的距离坐标，为此提出了基于图像对比度最大准则的等效旋转中心距离坐标估计方法；然后，基于先验信息和等效旋转中心距离坐标，通过逐距离单元时域相位补偿和匹配傅里叶变换方位向压缩，解决了双基地角时变和转动二次项引起的一次和二次畸变问题。通过仿真实验，验证了所提算法的有效性和实际误差条件下的鲁棒性。

（5）针对双基地 ISAR 稀疏孔径引起的非模糊高分辨成像、平动相位补偿和越分辨单元徙动校正难题，本书研究了联合方位非模糊重建、平动相位补偿、越分辨单元徙动校正的双基地 ISAR 高分辨成像算法。在稀疏孔径和存在残余相位误差条件下，提出了基于 CGSM 先验和复拉普拉斯先验的全贝叶斯推理双基地 ISAR 稀疏孔径高分辨成像算法。针对稀疏孔径引起的距离空变相位补偿和平动相位补偿难题，将距离空变二次相位项转化为非空变相位项，构建含有平动补偿残余相位误差和距离空变补偿残余相位误差的观测模型，基于匹配傅里叶基完成双基地 ISAR 图像的稀疏化表示；基于统计先验进行图像和噪声建模，通过全贝叶斯推理稀疏重构实现了稀疏高分辨成像和残余相位误差迭代校正，解决了稀疏孔径和存在残余相位误差条件下的稀疏高分辨成像问题。仿真实验验证了所提两种算法相对于加权 l_1 范数稀疏成像算法的优势，其中基于复拉普拉斯先验的成像算法在低信噪比下具有更好的稀疏重构性能。

（6）进一步针对存在越距离单元徙动的情况，本书将基于复拉普拉斯先验的成像算法推广到存在越距离单元徙动的场景下，通过变尺度匹配傅里叶变换将越距离单元徙动校正过程引入稀疏成像观测模型，并提出了进一步联合越距离单元徙动校正的稀疏孔径成像算法，解决了存在越距离单元徙动场景下稀疏孔径高分辨成像问题。仿真实验验证了所提算法的有效性和鲁棒性。

■ 6.2　研究展望

本书对高分辨双基地 ISAR 空间目标成像的若干关键问题进行了深入研究，并取得了一定的研究成果。但由于此问题的复杂性，并受个人精力和能力所限，仍有一些问题需要进一步研究和完善，主要包括以下几方面：

（1）基于实测数据的算法试验验证。受限于现有试验设备和试验条件，现有双基地 ISAR 实测数据的回波信噪比较低，图像分辨率损失高于双基地角对应的理论值，分辨率较低，现有数据暂时不具备支撑验证所提算法的条件。本书基于理想散射点模型和典型空间目标的电磁散射模型，对所提算法进行了实验验证，后期需要进一步开展高分辨双基地 ISAR 空间目标的成像试验，以获取更高质量和分辨率的数据，在此基础上进一步验证并改进算法。

（2）空间目标双基地 ISAR 成像平面存在空变时的成像问题。本书研究通过对空间目标成像平面进行分析，选择成像平面基本不变的成像弧段进行成像。增加观测时间可进一步提高分辨力，获得更多目标信息。然而，在更长的观测时间内，空间目标双基地 ISAR 成像平面会产生较强的空变，若能利用这种空变性，基于散射点关联等方法获取高度维信息，则可以获得目标的三维信息。如何挖掘利用这些信息进行三维成像，是进一步研究的方向。

（3）双基地 ISAR 复数域稀疏贝叶斯重构快速算法研究。在不考虑越距离徙动的场景下，本书所提算法通过逐距离单元稀疏重构有效降低了运算量，在考虑越距离单元徙动的场景中，通过挖掘距离空变相位补偿等先验，将部分对矢量化向量的运算转化为对二维矩阵的运算以降低运算量，但此时算法仍具有较大运算量，目前已有文献研究了实数域稀疏贝叶斯重构的快速算法，可以获得接近贪婪算法的运算量，进一步研究复数域的快速重构算法，可有效提高稀疏孔径下 ISAR 成像的效率。

（4）基于多站、MIMO 等体制的空间目标稀疏融合成像研究。本书主要研究了一发一收双基地 ISAR 空间目标成像问题。多站融合成像可通过稀疏频带、稀疏孔径等信号级融合方式提高系统分辨率，缩短观测时间要求。MIMO 体制雷达通过虚实孔径结合可进一步实现短时成像，这给空间目标成像弧段选择带来更大的灵活性。空间目标运动的可预测性有利于开展稀疏成像，基于多站、MIMO 体制的空间目标稀疏成像值得进一步深入研究。

参考文献

[1] 吴连大. 人造卫星与空间碎片的轨道和探测 [M]. 北京：中国科学技术大学出版社, 2011.

[2] 赵霜, 张社欣, 方有培, 等. 美俄空间目标监视现状与发展研究 [J]. 航天电子对抗, 2008 (1)：27-29.

[3] 马林. 空间目标探测雷达技术 [M]. 北京：电子工业出版社, 2013.

[4] 高梅国, 付佗. 空间目标监视和测量雷达技术 [M]. 北京：国防工业出版社, 2017.

[5] SCHAUB H, JASPER L E Z, ANDERSON P V, et al. Cost and risk assessment for spacecraft operation decisions caused by the space debris environment [J]. Acta Astronautica, 2015, 113：66-79.

[6] 刘永坦. 雷达成像技术 [M]. 哈尔滨：哈尔滨工业大学出版社, 2014.

[7] 保铮, 邢孟道, 王彤. 雷达成像技术 [M]. 北京：电子工业出版社, 2005.

[8] CHEN V C, MARTORELLA M. Inverse synthetic aperture radar imaging：principles, algorithms and applications [M]. Herts：Scitech, 2014.

[9] 杨振起, 张永顺, 骆永军. 双 (多) 基地雷达系统 [M]. 北京：国防

工业出版社, 1998.

[10] MARTORELLA M, PALMER J, HOMER J, et al. On bistatic inverse synthetic aperture radar [J]. IEEE Transactions on Aerospace and Electronic Systems, 2007, 43 (3): 1125 – 1134.

[11] 张亚标, 朱振波, 汤子跃, 等. 双站逆合成孔径雷达成像理论研究 [J]. 电子与信息学报, 2006 (6): 969 – 972.

[12] 郭克成, 陆静. 双基地雷达的抗干扰能力及有效干扰区分析 [J]. 现代雷达, 2004, 26 (9): 20 – 22.

[13] PASTINA D, SEDEHI M, CRISTALLINI D. Passive bistatic ISAR based on geostationary satellites for coastal surveillance [C] // 2010 IEEE Radar Conference, 2010: 865 – 870.

[14] LAZAROV A D, KABAKCHIEV H, KOSTADINOV T, et al. DVB – T bistatic forward scattering inverse synthetic aperture radar imaging [C] // 2014 the 15th International Radar Symposium (IRS), 2014.

[15] 云日升, 朱迪, 康雪艳. 多基站 ISAR 平面转台目标成像模型与仿真研究 [J]. 系统仿真学报, 2011, 23 (9): 1921 – 1924.

[16] 云日升. 多基站 ISAR 成像模型与运动参数估计 [J]. 系统工程与电子技术, 2011, 33 (1): 74 – 78.

[17] PALMER J, OMER J H, LONGSTAFF I D, et al. ISAR imaging using an emulated multistatic radar system [J]. IEEE Transactions on Aerospace and Electronic Systems, 2005, 41 (4): 1464 – 1472.

[18] 史仁杰. 雷达反导与林肯实验室 [J]. 系统工程与电子技术, 2007, 29 (11): 1781 – 1799.

[19] MICHAL TH, EGLIZEAUD J P, BOUCHARD J. GRAVES: the new French system for space surveillance [C] // The 4th European Conference on Space Debris, Darmstadt, 2005: 61 – 65.

[20] 刘永征, 刘学斌. 美国空间态势感知能力研究 [J]. 航天电子对抗,

2009, 25 (3): 1 - 3.

[21] 戴征坚, 郁文贤, 胡卫东, 等. 空间目标的雷达识别技术 [J]. 系统工程与电子技术, 2000, 22 (3): 19 - 22.

[22] LEMNIOS W Z, GROMETSTEIN A A. Overview of the Lincoln Laboratory Ballistic Missile Defense Program [J]. Lincoln Laboratory Journal, 2009, 9 (32): 9 - 32.

[23] AVENT R K, SHELTON J D, BROWN P. The ALCOR C - band imaging radar [J]. IEEE Antennas and Propagation Magazine, 1996, 38 (3): 16 - 27.

[24] Lincoln L. MIT Lincoln Laboratory 2009 annual report [R]. MA: Lincoln Laboratory, 2009.

[25] 周万幸. ISAR 成像系统与技术发展综述 [J]. 现代雷达, 2012, 34 (9): 1 - 7.

[26] WEISS H G. The Millstone and Haystack radars [J]. IEEE Transactions on Aerospace and Electronic Systems, 2001, 37 (1): 365 - 379.

[27] STONE M L, BANNER G P. Radars for the detection and tracking of ballistic missiles, satellites, and planets [J]. Lincoln Laboratory Journal, 2000, 12 (2): 217 - 244.

[28] Lincoln L. MIT Lincoln Laboratory 2008 annual report [R]. MA: Lincoln Laboratory, 2008.

[29] Lincoln L. MIT Lincoln Laboratory 2014 annual report [R]. MA: Lincoln Laboratory, 2014.

[30] A source book for the use of the FGAN tracking and imaging radar for satellite imaging [EB/OL]. https://fas. org/spp/military/program/track/fgan. pdf.

[31] Analysis of the ATV - 4 using radar images [EB/OL]. http://www. fhr. fgan. de/en/businessunits/space/Analysis of the ATV - 4 using radar images. html.

［32］GOMBERT G, BECKNER F. High resolution 2 – D ISAR image collection and processing ［C］// National Aerospace and Electronics Conference (NAECON'94), Dayton, 1994: 371 – 377.

［33］马林. 空间目标逆合成孔径成像实验研究 ［J］. 现代雷达, 2007, 29 (10): 1 – 3.

［34］刘明敬. 空间目标逆合成孔径雷达成像试验研究 ［D］. 北京：北京理工大学, 2008.

［35］曹向东. 空间目标成像的 ISAR 技术研究 ［D］. 南京：南京理工大学, 2007.

［36］曹敏. 空间目标高分辨雷达成像技术研究 ［D］. 长沙：国防科学技术大学, 2009.

［37］王琦. 空间目标 ISAR 成像的研究 ［D］. 西安：西安电子科技大学, 2007.

［38］胡杰民. 复杂运动目标高分辨雷达成像技术研究 ［D］. 长沙：国防科学技术大学, 2010.

［39］MARTORELLA M, PALMER J, BERIZZI F, et al. Advances in bistatic inverse synthetic aperture radar ［C］// 2009 International Radar Conference "Surveillance for a Safer World" (RADAR 2009), Bordeaux, 2009: 1 – 6.

［40］MARTORELLA M, CATALDO D, BRISKEN S. Bistatically equivalent monostatic approximation for bistatic ISAR ［C］//IEEE Radar Conference, Ottawa, 2013: 1 – 5.

［41］MARTORELLA M. Bistatic ISAR image formation in presence of bistatic angle changes and phase synchronisation errors ［C］// The IEEE of the EUSAR 2008 Conference, Friedrichshafen, 2008: 1 – 4.

［42］MARTORELLA M. Analysis of the robustness of bistatic inverse synthetic aperture radar in the presence of phase synchronisation errors ［J］. IEEE

Transactions on Aerospace and Electronic Systems, 2011, 47 (4): 2673 – 2689.

[43] MARTORELLA M, PALMERO J, BERIZZI F. Improving the total rotation vector estimation via a bistatic ISAR system [C]//2005 IEEE International Geoscience and Remote Sensing Symposium, Seoul, 2005: 1068 – 1071.

[44] MARTORELLA M, HAYWOOD B, NEL W, et al. Optimal sensor placement for multi – bistatic ISAR imaging [C]//The 7th European Radar Conference, Paris, 2010: 228 – 231.

[45] MARTORELLA M. Optimal sensor positioning for inverse synthetic aperture radar [J]. IEEE Transactions on Aerospace and Electronic Systems, 2013, 49 (1): 648 – 658.

[46] CATALDO D, MARTORELLA M. Optimal CPI selection based on Doppler spread and image contrast [C]//2018 the 19th International Radar Symposium (IRS), Bonn, 2018.

[47] GELLI S, BACCI A, MARTORELLA M, et al. A sub – optimal approach for bistatic joint STAP – ISAR [C]//2015 IEEE Radar Conference, Arlington, 2015: 992 – 997.

[48] GHIO S, MARTORELLA M. Multi – bistatic radar for resident space objects feature estimation [C]//2018 the 19th International Radar Symposium (IRS), Bonn, 2018.

[49] ZHAO L, GAO M, MARTORELLA M, et al. Bistatic three – dimensional interferometric ISAR image reconstruction [J]. IEEE Transactions on Aerospace and Electronic Systems, 2015, 51 (2): 951 – 961.

[50] SALVETTI F, MARTORELLA M, GIUSTI E, et al. Multi – view three – dimensional interferometric inverse synthetic aperture radar [J]. IEEE Transactions on Aerospace and Electronic Systems, 2018, 55 (2): 718 – 733.

[51] GENTILE L, CAPRIA A, CONTI M, et al. Resident space object passive bistatic radar detection using DVB – S2 signals [C] // 2018 the 19th International Radar Symposium (IRS), Bonn, 2018.

[52] CHEN V C, ROSIERS A D, LIPPS R. Bistatic ISAR range – Doppler imaging and resolution analysis [C] // 2009 IEEE Radar Conference, Pasadena, 2009.

[53] SIMON M P, SCHUH M J, WOO A X. Bistatic ISAR images from a time – domain code [J]. IEEE Antennas and Propagation Magazine, 1995, 37 (5): 25 – 32.

[54] BURKHOLDER R J, GUPTA L J, JOHNSON J T. Comparison of monostatic and bistatic radar images [J]. IEEE Antennas and Propagation Magazine, 2003, 45 (3): 41 – 50.

[55] KANG B S, BAE J H, KANG M S, et al. Bistatic – ISAR cross – range scaling [J]. IEEE Transactions on Aerospace and Electronic Systems, 2017, 53 (4): 1962 – 1973.

[56] KANG M S, KANG B S, LEE S H, et al. Bistatic – ISAR distortion correction and range and cross – range scaling [J]. IEEE Sensors Journal, 2017, 17 (16): 5068 – 5078.

[57] MARTORELLA M, GIUSTI E. Theoretical foundation of passive bistatic ISAR imaging [J]. IEEE Transactions on Aerospace and Electronic Systems, 2014, 50 (3): 1647 – 1659.

[58] NAKAMURA S, SUWA K, MORITA S, et al. An experimental study of enhancement of the cross – range resolution of ISAR imaging using ISDB – T digital TV based passive bistatic radar [C] // 2011 IEEE International Geoscience and Remote Sensing Symposium, Vancouver, 2011: 2837 – 2840.

[59] LAZAROV A, KABAKCHIEV H, KOSTADINOV T. DVB – T bistatic

forward scattering inverse synthetic aperture radar imaging ［C］//2014 the 15th International Radar Symposium（IRS），2014.

［60］BĄCZYK M K, SAMCZYŃSKI P, KULPA K. Passive ISAR imaging of air targets using DVB – T signals ［C］// 2014 IEEE Radar Conference, Cincinnati，2014：502 – 506.

［61］LAZAROV A, KABAKCHIEV C, ROHLING H, et al. Bistatic generalized ISAR concept with GPS waveform ［C］// 2011 the 12th International Radar Symposium（IRS），Leipzig，2011：849 – 854.

［62］赵亦工. 双基地逆合成孔径雷达成像及信号外推方法的研究 ［D］. 北京：北京理工大学，1989.

［63］朱玉鹏，张月辉，王宏强，等. 运动目标双基地 ISAR 成像建模与仿真 ［J］. 系统仿真学报，2009，21（9）：2696 – 2699.

［64］AI X F, LI Y Z, WANG X S, et al. Feature extraction of rotational yargets in wideband T/R – R bistatic radar ［J］. IET Radar, Sonar & Navigation，2013，7（4）：351 – 360.

［65］AI X F, LIU J, ZHAO F, et al. Feature extraction of target in wideband bistatic radar ［C］//2015 IET International Radar Conference, Hangzhou, 2015.

［66］AI X F, HUANG Y, ZHAO F, et al. Imaging of spinning targets via narrow – band T/R – R bistatic radars ［J］. IEEE Geoscience and Remote Sensing Letters，2013，10（2）：362 – 366.

［67］AI X F, FENG D J, LI Y Z, et al. Bistatic two – dimensional imaging of spinning targets ［C］// 2012 IEEE Radar Conference, Atlanta, 2012：408 – 411.

［68］TIAN B, ZOU J, XU S, et al. Squint model interferometric ISAR imaging based on respective reference range selection and squint iteration improvement ［J］. IET Radar, Sonar & Navigation，2015，9（9）：1366 – 1375.

[69] TIAN B, LIU Y, XU S, et al. Analysis of synchronization errors for InISAR on separated platforms [J]. IEEE Transactions on Aerospace and Electronic Systems, 2016, 52 (1): 237 – 244.

[70] ZHU Z B, ZHANG Y B, TANG Z Y. Bistatic inverse synthetic aperture radar imaging [C]//2005 IEEE International Radar Conference, Arlington, 2005: 354 – 358.

[71] 黄艺毅. 双站逆合成孔径雷达的成像算法研究 [D]. 上海: 上海交通大学, 2008.

[72] 朱仁飞, 张群, 罗迎, 等. 双基地 ISAR 二维分辨率分析研究 [J]. 弹箭与制导学报, 2010, 30 (1): 182 – 186.

[73] 朱仁飞, 罗迎, 张群, 等. 双基地 ISAR 成像分析 [J]. 现代雷达, 2011, 33 (8): 33 – 38.

[74] 朱仁飞, 张群, 罗迎, 等. 含旋转部件目标双基地 ISAR 微动特征提取及成像研究 [J]. 电子与信息学报, 2010, 32 (10): 2359 – 2364.

[75] 邓冬虎, 张群, 罗迎, 等. 双基地 ISAR 系统中分辨率分析及微多普勒效应研究 [J]. 雷达学报, 2013, 2 (2): 152 – 167.

[76] 朱小鹏, 张群, 朱仁飞, 等. 双站 ISAR 越距离单元徙动分析与校正算法 [J]. 系统工程与电子技术, 2010, 32 (9): 1828 – 1832.

[77] 高昭昭, 梁毅, 邢孟道, 等. 双基地逆合成孔径雷达成像分析 [J]. 系统工程与电子技术, 2009, 31 (5): 1055 – 1059.

[78] 高昭昭. 高分辨 ISAR 成像新技术研究 [D]. 西安: 西安电子科技大学, 2009.

[79] 张龙, 苏涛, 刘峥, 等. 双基地雷达两极区 ISAR 超分辨成像 [J]. 光子学报, 2015, 44 (3): 100 – 107.

[80] BAI X, ZHOU F, XING M, et al. Scaling the 3 – D image of spinning space debris via bistatic inverse synthetic aperture radar [J]. IEEE Geoscience and Remote Sensing Letters, 2010, 7 (3): 430 – 434.

[81] ZHANG S S, SUN S B, ZHANG W, et al. High – resolution bistatic isar image formation for high – speed and complex – motion targets [J]. IEEE Journal of Selected Topics in Applied Earth Observations and Remote Sensing, 2015, 8 (7): 3520 – 3531.

[82] 王猛. 双基地 ISAR 舰船目标成像方法研究 [D]. 哈尔滨: 哈尔滨工业大学, 2013.

[83] SUN S B, LIANG G L. ISAR imaging of complex motion targets based on Radon transform cubic chirplet decomposition [J]. International Journal of Remote Sensing, 2018, 39 (6): 1770 – 1781.

[84] SUN S B, JIANG Y C, YUAN Y S, et al. Defocusing and distortion elimination for shipborne bistatic ISAR [J]. Remote Sensing Letters, 2016, 7 (6): 523 – 532.

[85] 孙思博. 舰载单/双基地逆合成孔径雷达空中目标成像研究 [D]. 哈尔滨: 哈尔滨工业大学, 2017.

[86] 董健, 尚朝轩, 高梅国, 等. 双基地 ISAR 成像平面研究及目标回波模型修正 [J]. 电子与信息学报, 2010, 32 (8): 1855 – 1862.

[87] 董健, 尚朝轩, 高梅国, 等. 双基地逆合成孔径雷达成像平面分析 [J]. 火力与指挥控制, 2011, 36 (3): 62 – 66.

[88] GUO B F, WANG J L, GAO M G, et al. Research on spatial – variant property of bistatic ISAR imaging plane of space target [J]. Chinese Physics B, 2015, 24 (4): 048402.

[89] 韩宁, 尚朝轩, 董健. 空间目标双基地 ISAR 一维距离像速度补偿方法 [J]. 宇航学报, 2012, 33 (4): 507 – 513.

[90] 董健, 尚朝轩, 高梅国, 等. 空间目标双基地 ISAR 成像的速度补偿研究 [J]. 中国电子科学研究院学报, 2010, 5 (1): 78 – 85.

[91] 郭宝锋, 尚朝轩, 王俊岭, 等. 双基地角时变下的逆合成孔径雷达越分辨单元徙动校正算法 [J]. 物理学报, 2014, 63 (23): 408 – 419.

［92］郭宝锋，尚朝轩，王昕，等．空间目标双基地 ISAR 越多普勒单元徙动校正算法［J］．通信学报，2014，35（9）：197 - 206.

［93］董健，尚朝轩，高梅国，等．间接同步连续采样模式双基地 ISAR 时间同步仿真［J］．数据采集与处理，2011，26（3）：347 - 355.

［94］董健．空间目标双基地 ISAR 成像关键技术研究［D］．石家庄：军械工程学院，2009.

［95］韩宁．空间目标双基地 ISAR 成像算法及试验研究［D］．石家庄：军械工程学院，2012.

［96］郭宝锋．空间目标双基地 ISAR 高分辨成像技术及试验研究［D］．石家庄：军械工程学院，2015.

［97］王洋，金胜，黄璐．空间目标双基地雷达 ISAR 成像技术研究［J］．雷达科学与技术，2015，13（5）：485 - 489.

［98］黄培康，殷红成，许小剑．雷达目标特性［M］．北京：电子工业出版社，2005.

［99］TSAIG Y，DONOHO D L. Extensions of compressed sensing［J］. Signal Processing，2006，86（3）：549 - 571.

［100］DONOHO D L. Compressed sensing［J］. IEEE Transactions on Information Theory，2006，52（4）：1289 - 1306.

［101］CANDES E J，TAO T. Near - optimal signal recovery from random projections：universal encoding strategies?［J］. IEEE Transactions on Information Theory，2006，52（12）：5406 - 5425.

［102］CANDES E J，ROMBERG J，TAO T. Robust uncertainty principles：exact signal reconstruction from highly incomplete frequency information［J］. IEEE Transactions on Information Theory，2006，52（2）：489 - 509.

［103］CANDES E J，ROMBERG J. Quantitative robust uncertainty principles and optimally sparse decompositions［J］. Foundations of Computational

Mathematics, 2006, 6（2）: 227 – 254.

［104］BARANIUK R, STEEGHS P. Compressive radar imaging ［C］// 2007 IEEE Radar Conference, Waltham, 2007: 128 – 133.

［105］吴一戎, 洪文, 张冰尘, 等. 稀疏微波成像研究进展 ［J］. 雷达学报, 2014, 3（4）: 383 – 395.

［106］李少东, 杨军, 陈文峰, 等. 基于压缩感知理论的雷达成像技术与应用研究进展 ［J］. 电子与信息学报, 2016, 38（2）: 495 – 508.

［107］BAI X, ZHOU F, XING M, et al. High – resolution radar imaging of air targets from sparse azimuth data ［J］. IEEE Transactions on Aerospace and Electronic Systems, 2012, 48（2）: 1643 – 1655.

［108］ZHANG L, XING M, QIU C, et al. Achieving higher resolution ISAR imaging with limited pulses via compressed sampling ［J］. IEEE Geoscience and Remote Sensing Letters, 2009, 6（3）: 567 – 571.

［109］ZHANG L, QIAO Z J, XING M, et al. High – resolution ISAR imaging by exploiting sparse apertures ［J］. IEEE Transactions on Antennas and Propagation, 2012, 60（2）: 997 – 1008.

［110］ZHANG L, WANG H X, QIAO Z J. Resolution enhancement for ISAR imaging via improved statistical compressive sensing ［J］. EURASIP Journal on Advances in Signal Processing, 2016: 80.

［111］张磊. 高分辨 SAR/ISAR 成像及误差补偿技术研究 ［D］. 西安: 西安电子科技大学, 2012.

［112］ZHANG L, XING M, QIU C, et al. Resolution enhancement for inversed synthetic aperture radar imaging under low SNR via improved compressive sensing ［J］. IEEE Transactions on Geoscience and Remote Sensing, 2010, 48（10）: 3824 – 3838.

［113］ZHANG L, DUAN J, QIAO Z J, et al. Phase adjustment and ISAR imaging of maneuvering targets with sparse apertures ［J］. IEEE

Transactions on Aerospace and Electronic Systems, 2014, 50 (3): 1955 – 1973.

[114] 徐刚. 高分辨雷达成像稀疏信号处理技术研究 [D]. 西安：西安电子科技大学, 2015.

[115] 邢孟道, 徐刚, 张榆红. 稀疏微波成像信号处理方法研究 [J]. 科技资讯, 2016, 14 (12): 165 – 166.

[116] XU G, XING M, YANG L, et al. Joint approach of translational and rotational phase error corrections for high – resolution inverse synthetic aperture radar imaging using minimum – entropy [J]. IET Radar, Sonar & Navigation, 2016, 10 (3): 586 – 594.

[117] XU G, XING M, XIA X, et al. High – resolution inverse synthetic aperture radar imaging and scaling with sparse aperture [J]. IEEE Journal of Selected Topics in Applied Earth Observations and Remote Sensing, 2015, 8 (8): 4010 – 4027.

[118] XU G, XING M, BAO Z. High – resolution inverse synthetic aperture radar imaging of manoeuvring targets with sparse aperture [J]. Electronics Letters, 2015, 51 (3): 287 – 289.

[119] ZHANG S, LIU Y, LI X. Fast entropy minimization based autofocusing technique for ISAR imaging [J]. IEEE Transactions on Signal Processing, 2015, 63 (13): 3425 – 3434.

[120] ZHANG S, LIU Y, LI X, et al. Fast ISAR cross – range scaling using modified Newton method [J]. IEEE Transactions on Aerospace and Electronic Systems, 2018, 54 (3): 1355 – 1367.

[121] ZHANG S, LIU Y, LI X. Autofocusing for sparse aperture ISAR imaging based on joint constraint of sparsity and minimum entropy [J]. IEEE Journal of Selected Topics in Applied Earth Observations and Remote Sensing, 2017, 10 (3): 998 – 1011.

［122］LIU J H, LI X, XU S K, et al. ISAR imaging of non – uniform rotation targets with limited pulses via compressed sensing ［J］. Progress in Electromagnetics Research B, 2012, 41 (7): 285 – 305.

［123］刘记红, 韩国强, 魏雁飞, 等. 基于压缩感知的空间高速自旋目标 ISAR 成像方法 ［J］. 电子信息对抗技术, 2018, 33 (3): 1 – 7.

［124］WANG L, LOFFELD O. ISAR imaging using a null space $\ell1$ minimizing Kalman filter approach ［C］// 2016 the 4th International Workshop on Compressed Sensing Theory and its Applications to Radar, Sonar and Remote Sensing (CoSeRa), Aachen, 2016: 232 – 236.

［125］汪玲, 朱栋强, 马凯莉, 等. 空间目标卡尔曼滤波稀疏成像方法 ［J］. 电子与信息学报, 2018, 40 (4): 846 – 852.

［126］CATALDO D, MARTORELLA M. Bistatic ISAR distortion mitigation via superresolution ［J］. IEEE Transactions on Aerospace and Electronic Systems, 2018, 54 (5): 2143 – 2157.

［127］BAE J, KANG B, LEE S, et al. Bistatic ISAR image reconstruction using sparse – recovery interpolation of missing data ［J］. IEEE Transactions on Aerospace and Electronic Systems, 2016, 52 (3): 1155 – 1167.

［128］KANG M, LEE S, KIM K, et al. Bistatic ISAR imaging and scaling of highly maneuvering target with complex motion via compressive sensing ［J］. IEEE Transactions on Aerospace and Electronic Systems, 2018, 54 (6): 2809 – 2826.

［129］ZHANG S, LIU Y, LI X. Bayesian bistatic ISAR imaging for targets with complex motion under low SNR condition ［J］. IEEE Transactions on Image Processing, 2018, 27 (5): 2447 – 2460.

［130］朱晓秀, 胡文华, 马俊涛, 等. 双基地角时变下的 ISAR 稀疏孔径自聚焦成像 ［J］. 航空学报, 2018, 39 (8): 322059.

［131］许然, 李亚超, 邢孟道. 基于子孔径参数估计的双基地 ISAR 图像融

合方法研究 [J]. 电子与信息学报, 2012, 34 (3): 622 – 627.

[132] PASTINA D, BUCCIARELLI M, LOMBARDO P. Multi – platform ISAR for flying formation [C] // 2009 IEEE Radar Conference, Pasadena, 2009.

[133] PASTINA D, LOMBARDO P, BURATTI F. Distributed ISAR for enhanced cross – range resolution with formation flying [C] // 2008 European Radar Conference, Amsterdam, 2008: 37 – 40.

[134] PASTINA D, SANTI F, BUCCIARELLI M. Multi – angle distributed ISAR with stepped – frequency waveforms for surveillance and recognition [C] // 2011 IEEE CIE International Conference on Radar, Chengdu, 2011: 528 – 532.

[135] 马俊涛, 高梅国, 胡文华, 等. 空间目标多站 ISAR 优化布站与融合成像方法 [J]. 电子与信息学报, 2017, 39 (12): 2834 – 2843.

[136] LI Y, FU Y, ZHANG W. Distributed ISAR Subimage fusion of nonuniform rotating target based on matching Fourier transform [J]. Sensors (Basel), 2018, 18 (6): 1806.

[137] 吴敏, 邢孟道, 张磊. 基于压缩感知的二维联合超分辨 ISAR 成像算法 [J]. 电子与信息学报, 2014, 36 (1): 187 – 193.

[138] 侯庆凯. 空间目标压缩感知雷达成像方法与应用研究 [D]. 长沙: 国防科学技术大学, 2015.

[139] 李少东, 陈文峰, 杨军, 等. 二维稀疏信号的联合压缩感知方法研究 [J]. 信号处理, 2016, 32 (4): 395 – 403.

[140] 李少东, 陈文峰, 杨军, 等. 低信噪比下的二维联合线性布雷格曼迭代快速超分辨成像算法 [J]. 物理学报, 2016, 65 (3): 368 – 379.

[141] 陈文峰, 李少东, 杨军, 等. 低信噪比下二维联合快速超分辨 B – ISAR成像方法 [J]. 电子学报, 2018, 46 (4): 840 – 848.

[142] 柴守刚. 运动目标分布式雷达成像技术研究 [D]. 合肥: 中国科学

技术大学, 2014.

[143] ZHANG S, ZHANG W, ZONG Z, et al. High – resolution bistatic ISAR imaging based on two – dimensional compressed sensing [J]. IEEE Transactions on Antennas and Propagation, 2015, 63 (5): 2098 – 2111.

[144] 杨梦君. 基于网格失配的双基地 ISAR 成像技术 [D]. 成都: 电子科技大学, 2018.

[145] YANG M, ZONG Z, GAO J. Off – grid sparse isar imaging by basis shift algorithm [C] // IGARSS 2018 – 2018 IEEE International Geoscience and Remote Sensing Symposium, 2018: 2270 – 2273.

[146] 刘林, 胡松杰, 王歆. 航天动力学引论 [M]. 南京: 南京大学出版社, 2006.

[147] 郭宝锋, 尚朝轩, 王俊岭, 等. 基于二体模型的空间目标双基地 ISAR 回波模拟 [J]. 系统工程与电子技术, 2016, 38 (8): 1771 – 1779.

[148] WEINMANN F. Ray tracing with PO/PTD for RCS modeling of large complex objects [J]. IEEE Transactions on Antennas and Propagation, 2006, 54 (6): 1797 – 1806.

[149] 马少闯, 何强, 郭宝锋. 空间目标双基地 ISAR 速度补偿研究 [J]. 军械工程学院学报, 2016, 28 (2): 37 – 46.

[150] CHEN S, ZHAO H C, ZHANG S N, et al. An improved back projection imaging algorithm for dechirped missile – borne SAR [J]. Acta Physica Sinica, 2014, 62 (21): 218405.

[151] HORVATH M S, GORHAM L A, RIGLING B D. Scene size bounds for PFA imaging with postfiltering [J]. IEEE Transactions on Aerospace and Electronic Systems, 2013, 49 (2): 1402 – 1406.

[152] MA C Z, YEO T S, GUO Q, et al. Bistatic ISAR imaging incorporating

interferometric 3 – D imaging technique [J]. IEEE Transactions on Geoscience and Remote Sensing, 2012, 50 (10): 3859 – 3867.

[153] 尚朝轩, 韩宁, 董健, 等. 合作空间目标双基地 ISAR 图像畸变分析及校正方法 [J]. 电讯技术, 2012, 52 (1): 38 – 42.

[154] CHEN V C, QIAN S. Joint time – frequency transform for radar range Doppler imaging [J]. IEEE Transactions on Aerospace and Electronic Systems, 1998, 34 (2): 486 – 499.

[155] XIA X G, WANG G Y, CHEN V C. Quantitative SNR analysis for ISAR imaging using joint time – frequency analysis – short time Fourier transform [J]. IEEE Transactions on Aerospace and Electronic Systems, 2002, 38 (2): 649 – 659.

[156] XING M, WU R, LI Y, et al. New ISAR imaging algorithm based on modified Wigner – Ville distribution [J]. IET Radar Sonar & Navigation, 2008, 3 (1): 70 – 80.

[157] WU Y, MUNSON D C. Wide – angle ISAR passive imaging using smoothed pseudo Wigner – Ville distribution [C] // 2001 IEEE Radar Conference, Atlanta, 2001: 363 – 368.

[158] 孙真真, 陈曾平, 庄钊文, 等. 一种基于时频分解的 ISAR 图像理解与处理方法 [J]. 电子与信息学报, 2003 (1): 1 – 8.

[159] 冯爱刚, 殷勤业, 吕利. 基于 Gauss 包络 Chirplet 自适应信号分解的快速算法 [J]. 自然科学进展, 2002 (9): 88 – 94.

[160] QIAN S, CHEN D. Signal representation using adaptive normalized Gaussian functions [J]. Signal Processing, 1994, 36 (1): 1 – 11.

[161] 尚朝轩, 罗贤全, 何强. 短时高斯包络线性调频基自适应信号分解算法 [J]. 信号处理, 2008, 24 (6): 917 – 922.

[162] 吕贵洲, 罗贤全. 基于 OI – AGCD 的含旋转部件目标 ISAR 成像 [J]. 系统工程与电子技术, 2015, 37 (11): 2492 – 2496.

[163] ALMEIDA L B. The fractional Fourier transform and time − frequency representations [J]. IEEE Transactions on Signal Processing, 1994, 42 (11): 3084 − 3091.

[164] GOERTZEL G. An algorithm for the evaluation of finite trigonometric series [J]. The American Mathematical Monthly, 1958, 65: 34 − 35.

[165] YE W, YEO T S, BAO Z. Weighted least − squares estimation of phase errors for SAR/ISAR autofocus [J]. IEEE Transactions on Geoscience and Remote Sensing, 1999, 37 (5): 2487 − 2494.

[166] JIANG Y, SUN S, YEO T S, et al. Bistatic ISAR distortion and defocusing analysis [J]. IEEE Transactions on Aerospace and Electronic Systems, 2016, 52 (3): 1168 − 1182.

[167] 黄雅静, 曹敏, 付耀文, 等. 基于匹配傅里叶变换的匀加速旋转目标成像 [J]. 信号处理, 2009, 25 (6): 864 − 867.

[168] 付耀文, 李亚楠, 黎湘. 基于 MFT 的非匀速转动目标干涉 ISAR 三维成像方法 [J]. 宇航学报, 2012, 33 (6): 769 − 775.

[169] 王盛利, 李士国, 倪晋麟, 等. 一种新的变换: 匹配傅里叶变换 [J]. 电子学报, 2001, 29 (3): 403 − 405.

[170] 叶春茂, 许稼, 左渝, 等. 逆合成孔径雷达目标等效旋转中心估计 [J]. 清华大学学报 (自然科学版), 2009, 49 (8): 1205 − 1208.

[171] 叶春茂, 许稼, 彭应宁, 等. 多视观测下雷达转台目标成像的关键参数估计 [J]. 中国科学: 信息科学, 2010, 40 (11): 1496 − 1507.

[172] 史林, 郭宝锋, 马俊涛, 等. 基于图像旋转相关的空间目标 ISAR 等效旋转中心估计算法 [J]. 电子与信息学报, 2019, 41 (6): 1280 − 1286.

[173] HUANG D, ZHANG L, XING M, et al. Sparse aperture inverse synthetic aperture radar imaging of manoeuvring targets with compensation of migration through range cells [J]. IET Radar, Sonar & Navigation,

2014, 8 (9): 1164 - 1176.

[174] RAO W, LI G, WANG X, et al. Adaptive sparse recovery by parametric weighted L1 minimization for ISAR imaging of uniformly rotating targets [J]. IEEE Journal of Selected Topics in Applied Earth Observations and Remote Sensing, 2013, 6 (2): 942 - 952.

[175] 张双辉. 基于贝叶斯框架的稀疏孔径 ISAR 成像技术研究 [D]. 长沙: 国防科学技术大学, 2016.

[176] 王天云, 陆新飞, 孙麟, 等. 基于贝叶斯压缩感知的 ISAR 自聚焦成像 [J]. 电子与信息学报, 2015, 37 (11): 2719 - 2726.

[177] 王盛利. 雷达信号处理的新方法: 匹配傅里叶变换研究 [D]. 西安: 西安电子科技大学, 2003.

[178] 刘记红. 基于压缩感知的 ISAR 成像技术研究 [D]. 长沙: 国防科学技术大学, 2012.

[179] CANDÈS E J. The restricted isometry property and its implications for compressed sensing [J]. Comptes Rendus - Mathématique, 2008, 346 (9/10): 589 - 592.

[180] YU G, SAPIRO G. Statistical compressed sensing of Gaussian mixture models [J]. IEEE Transactions on Signal Processing, 2011, 59 (12): 5842 - 5858.

[181] TZIKAS D G, LIKAS A C, GALATSANOS N P. The variational approximation for Bayesian inference [J]. IEEE Signal Processing Magazine, 2008, 25 (6): 131 - 146.

[182] ANDREWS D F, MALLOWS C L. Scale mixtures of normal distributions [J]. Journal of the Royal Statistical Society, 1974, 36 (1): 99 - 102.

[183] BABACAN S D, MOLINA R, KATSAGGELOS A K. Bayesian compressive sensing using Laplace priors [J]. IEEE Transactions on Image Processing, 2010, 19 (1): 53 - 63.

［184］ BABACAN S D, MOLINA R, KATSAGGELOS A K. Fast Bayesian compressive sensing using Laplace priors ［C］// 2009 IEEE International Conference on Acoustics, Speech and Signal Processing, Taipei, 2009: 2873 – 2876.

 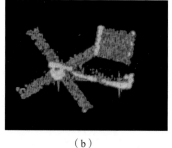

（a） （b）

图 1 - 1　ALCOR 雷达及获得的 Skylab 空间站 ISAR 图像

（a）ALCOR 雷达天线罩；（b）Skylab 空间站 ISAR 图像

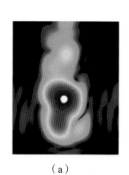  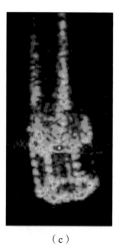

（a） （b） （c）

图 1 - 3　改造前后基于同一卫星模型的 ISAR 仿真图像

（a）改造前，带宽 1 GHz，分辨率 25 cm；（b）卫星模型；（c）改造后，带宽 8 GHz，分辨率 3 cm

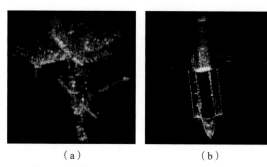

（a） （b）

图 1 - 4　基于 TIRA 雷达的 ISAR 成像结果

（a）"和平号"空间站二维成像结果；（b）航天飞机二维成像结果

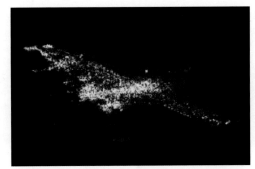

图 1 – 5　国际空间站双基地 ISAR 图像

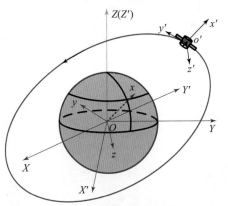

图 2 – 2　典型空间坐标系

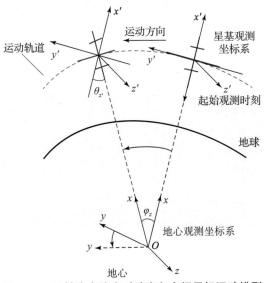

图 2 – 3　三轴姿态稳定对地定向空间目标运动模型

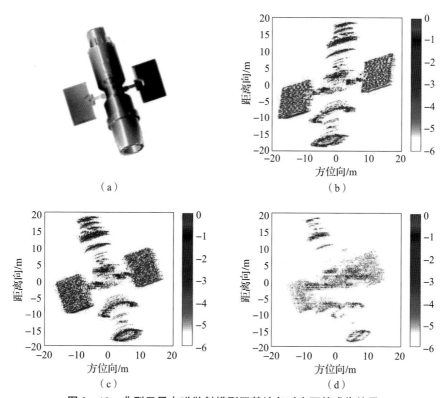

（a）

（b）

（c）

（d）

图 3 − 13　典型卫星电磁散射模型双基地角时变下的成像结果

（a）CAD 模型（等效单基地雷达视线方向）；（b）基于 RD 算法成像结果；

（c）基于本章所提算法的成像结果；（d）基于 PWVD 的 RID 成像结果（$t = 2\,\text{s}$）

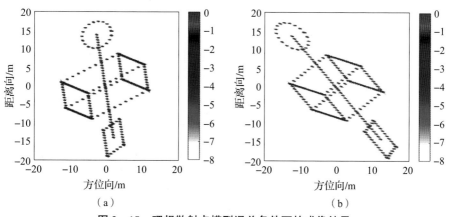

（a）

（b）

图 3 − 15　理想散射点模型误差条件下的成像结果

（a）本章所提算法的成像结果；（b）文献［94］算法的成像结果

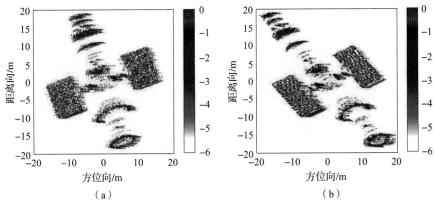

图 3-16　电磁散射模型误差条件下的成像结果

（a）本章所提算法的成像结果；（b）文献［94］算法的成像结果

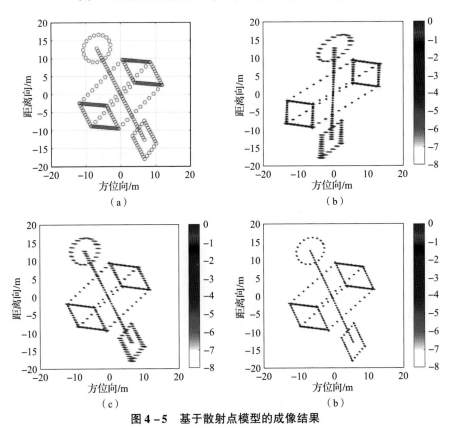

图 4-5　基于散射点模型的成像结果

（a）成像平面上投影（等效单基地雷达视线方向）；（b）基于 RD 算法的成像结果；

（c）基于 3.5 节所提算法的成像结果；（d）基于本章所提算法的成像结果

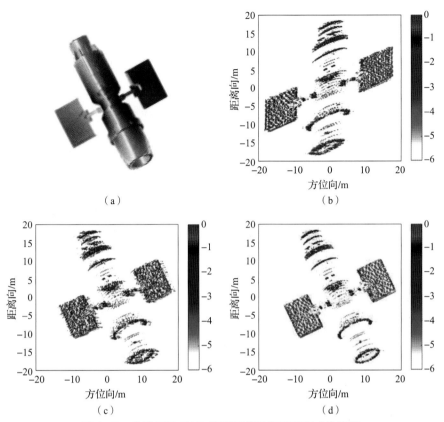

（a）

（b）

（c）

（d）

图 4 - 7　典型卫星 CAD 模型双基地角时变下成像结果

（a）CAD 模型（等效单基地雷达视线方向）；（b）基于 RD 算法的成像结果；

（c）基于 3.5 节所提算法的成像结果；（d）基于本章所提算法的成像结果

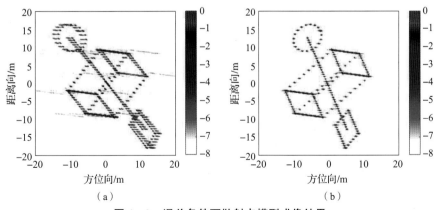

（a）

（b）

图 4 - 9　误差条件下散射点模型成像结果

（a）基于文献［91］算法的成像结果；（b）基于本章所提算法的成像结果

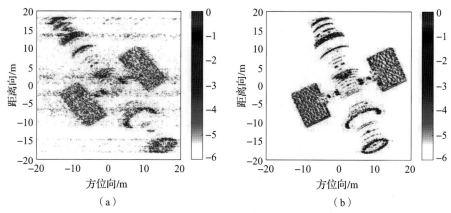

（a）　　　　　　　　　　　　　（b）

图 4 - 10　误差条件下电磁散射模型成像结果

（a）基于文献［91］算法的成像结果；（b）基于本章所提算法的成像结果

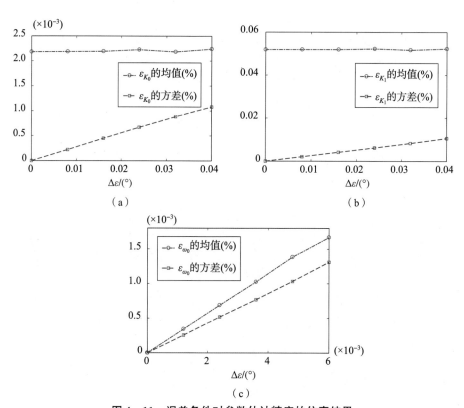

（a）　　　　　　　　　　　　　（b）

（c）

图 4 - 11　误差条件对参数估计精度的仿真结果

（a）K_0 估计精度；（b）K_1 估计精度；（c）ω_0 估计精度

表 5 - 2　理想散射点模型在不同稀疏孔径条件下的一维距离像和 MFT 成像结果

条件	一维距离像	MFT 成像结果
RMS, 稀疏度为 40%		
RMS, 稀疏度为 70%		
GMS, 稀疏度为 40%		
GMS, 稀疏度为 70%		

表 5 – 3　电磁散射模型在不同稀疏孔径条件下的一维距离像和 MFT 成像结果

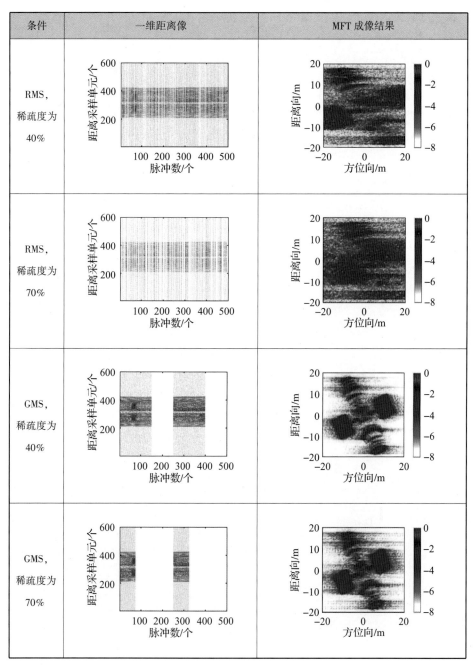

表 5 – 4　理想散射点模型在 RMS 条件下不同 CS 成像算法的结果

成像算法	稀疏度40%	稀疏度70%
基于加权 l_1 范数		
基于 CGMS 先验		
基于复拉普拉斯先验		

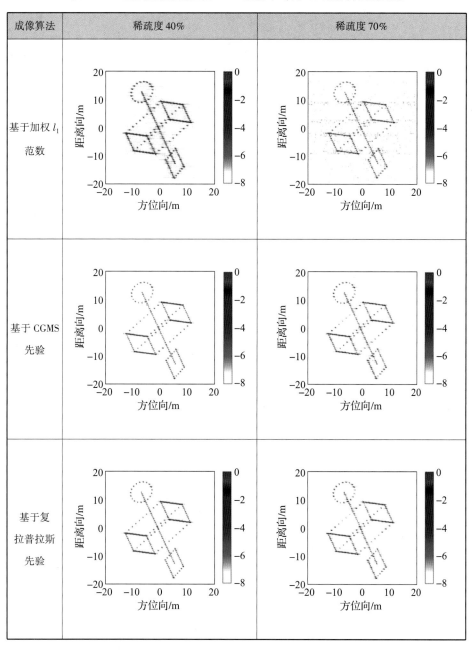

表 5 – 5　理想散射点模型在 GMS 条件下不同 CS 成像算法的结果

成像算法	稀疏度 40%	稀疏度 70%
基于加权 l_1 范数		
基于 CGMS 先验		
基于复拉普拉斯先验		

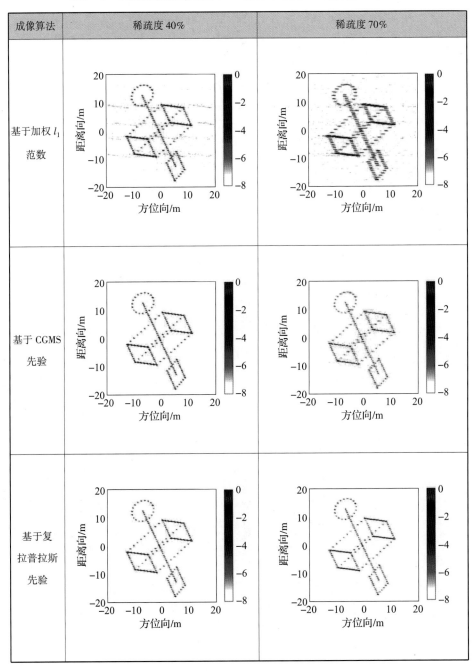

表 5−6　电磁散射点模型在 RMS 条件下不同 CS 成像算法的结果

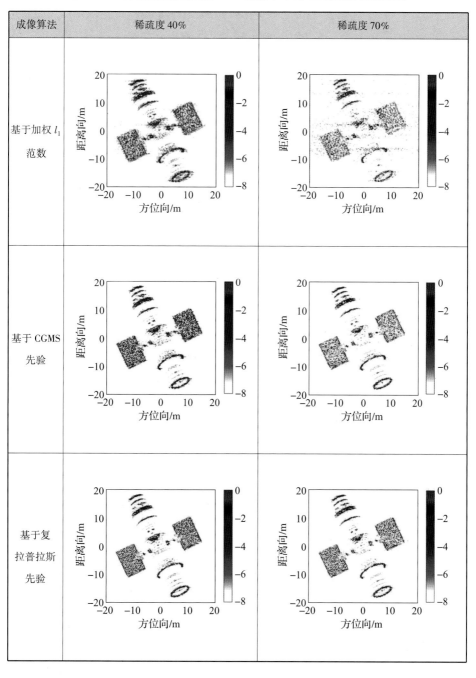

表 5 - 7　电磁散射点模型在 GMS 条件下不同 CS 成像算法的结果

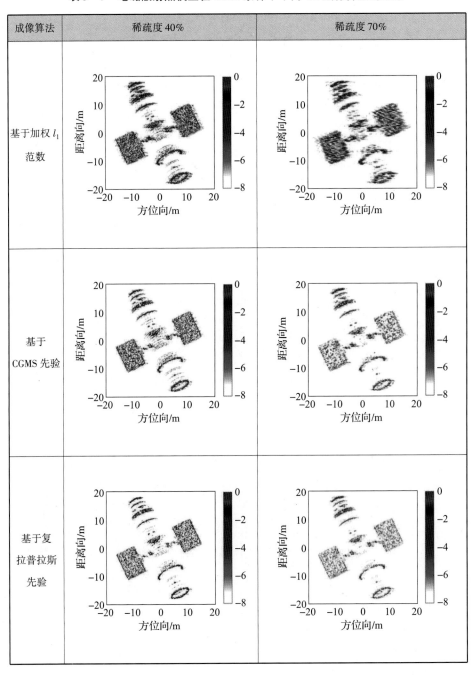

表 5 – 10   理想散射点模型 RMS 稀疏度 40%不同 SNR 下 CS 成像算法的结果

成像算法	SNR = 10 dB	SNR = 5 dB	SNR = 0 dB
基于加权 l_1 范数			
基于 CGMS 先验			
基于复拉普拉斯先验			

表 5-11　电磁散射模型 RMS 稀疏度 40% 不同 SNR 下 CS 成像算法的结果

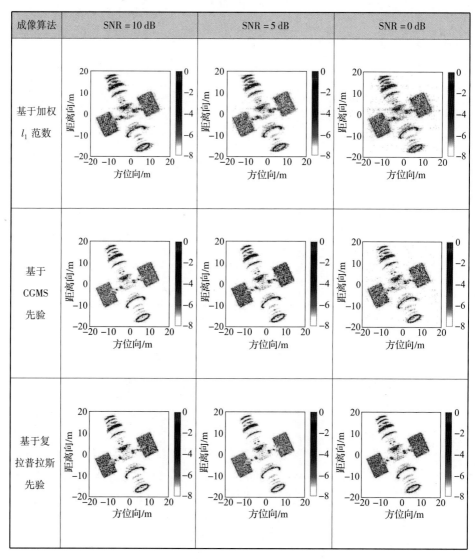